Marek Kalinowski

Nadwozia Samochodowe

Marek Kalinowski

Nadwozia Samochodowe

Teoria i projektowanie

Wydawnictwo Bezkresy Wiedzy

Impressum / Imprint
Bibliografische Information der Deutschen Nationalbibliothek: Die Deutsche Nationalbibliothek verzeichnet diese Publikation in der Deutschen Nationalbibliografie; detaillierte bibliografische Daten sind im Internet über http://dnb.d-nb.de abrufbar.

Informacja bibliograficzna Niemieckiej Biblioteki Narodowej: Niemiecka Biblioteka Narodowa rejestruje tę publikację w Niemieckiej Bibliografii Narodowej; szczegółowe informacje bibliograficzne dostępne są w Internecie na stronie http://dnb.d-nb.de.

Coverbild / Okładka: www.ingimage.com

Verlag / Wydawnictwo:
Wydawnictwo Bezkresy Wiedzy
ist ein Imprint der / jest znakiem handlowym
OmniScriptum GmbH & Co. KG
Bahnhofstraße 28, 66111 Saarbrücken, Deutschland / Niemcy
Email: info@omniscriptum.com

Herstellung: siehe letzte Seite /
Druk: patrz ostatnia strona
ISBN: 978-3-639-89143-0

W pracy rozpatrzono metodę PWK (Podstawowych Węzłów Konstrukcyjnych) w zakresie projektowania nadwozi samochodowych. Przedstawiono ujęcie PWK nadwozi w sposób aktywny, tzn. z wyeliminowaniem bierności dotychczas stosowanego projektowania interaktywnego związanego z kolejnymi korektami projektu. Wprowadzono integrację projektowania użytkowego (tzw. wzorniczego), strukturalnego i technologicznego we wspólny program działań projektowych. Nadwozie samochodowe traktowane jest jako konstrukcja cienkościenna w przybliżeniu PPK (Proste Powierzchnie Konstrukcyjne). Przybliżenie PPK prowadzi do poprawności strukturalnej kadłuba samochodowego, a potem do jego poprawności mechanicznej poprzez badanie działania sił krawędziowych. W pracy rozpatrzono również zastosowanie MES (Metoda Elementów Skończonych) dla samochodu *Polonez.*

Panu Doktorowi Januszowi Pawlowskiemu

Spis treści

1. Wstęp

Ze względu na sytuację i potrzeby przemysłu samochodowego w zakresie problematyki nadwoziowej w niniejszej pracy postawiono kilka celów, a mianowicie oprócz ogólnego wprowadzenia PWK (Podstawowych Węzłów Konstrukcyjnych) nadwozi, także cele szczegółowe:

1. Ujęcie PWK nadwozi w sposób aktywny tzn. z wyeliminowaniem bierności dotychczas stosowanego projektowania interaktywnego związanego z kolejnymi korektami projektu;
2. Integracja projektowania użytkowego (tzn. wzorniczego), strukturalnego i technologicznego we wspólny program działań projektowych.

W związku z tymi zasadami należy zastosować komputeryzację procesu projektowania nadwozia samochodowego traktowanego jako konstrukcja cienkościenna w przybliżeniu PPK (Prostych Powierzchni Konstrukcyjnych).

Kolejne etapy projektowania ujmuje Rys. 1.

Zgodnie z pracami [1–6, 8, 10, 11] należy wizualizować proces projektowania przy użyciu PPK w grafice komputerowej. Podajemy następujące zasady działania systemu grafiki.

I. Siatka punktów w przestrzeni 3-wymiarowej, zadana w układzie współrzędnych kartezjańskich

$$W_i(x_i, y_i, z_i), \quad i = 1, 2, \ldots, n \leq 71.$$

II. Siatka krawędzi łączących wybrane punkty w układ PPK

$$\overrightarrow{W_{k_i}W_{k_j}} = (x_{k_j} - x_{k_i}, y_{k_j} - y_{k_i}, z_{k_j} - z_{k_i}), \quad k = 1, 2, \ldots, m \leq 40$$

m — liczba PPK w danym nadwoziu, $m_{\max} = 40$ — maksymalna liczba PPK zgodnie z typologią PPK J. Pawłowskiego.

III. Punkty przyłożenia sił obciążeń zewnętrznych (i reakcji zawieszeń)

$$\vec{r}_{F_i} = (x_{F_i}, y_{F_i}, z_{F_i}), \quad i = 1, 2, \ldots, n_F \leq 4 + k_F$$

k_F — liczba sił obciążeń zewnętrznych, $k_F \leq 15$.

1) System powinien wyświetlić na ekranie I, II, III przy możliwości zmiany punktu perspektywy i punktu widzenia obserwatora tj. przesunięcia, obroty itp.

2) Powinien równocześnie podać współrzędne wektorów $\overrightarrow{W_{k_i}W_{k_j}}$ i ich cosinusy kierunkowe.

W tym miejscu chcielibyśmy zauważyć, że nie istnieje teoria budowy nadwozi podobna np. do teorii budowy mostów. W związku z tym sam proces projektowania nadwozia jest dużo bardziej niejednoznaczny. Metoda PPK może być pierwszym krokiem do stworzenia takiej teorii. Niniejsza praca jest wstępem do takiej teorii nadwozi samochodowych, a także do aktywnego projektowania nadwozi (patrz Rys. 1).

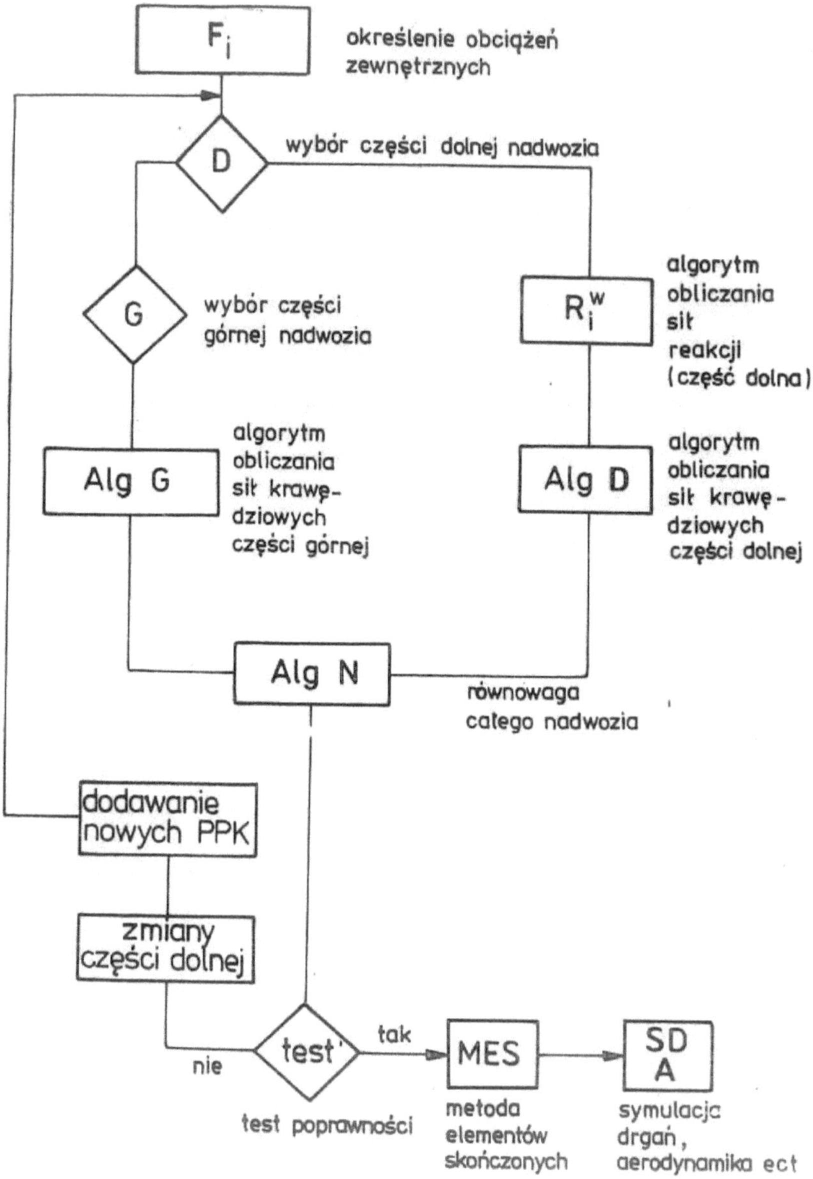

Rys. 1. Ogólny schemat postępowania przy projektowaniu nadwozia samochodowego

Praca podzielona jest na siedem rozdziałów. Pierwszy to Wstęp. W drugim przedstawiamy matematyczne kryterium poprawności strukturalnej nadwozia samochodowego w ujęciu PPK. W trzecim podajemy algorytmy obliczania sił krawędziowych. W czwartym — model ściany bocznej w ujęciu PPK. W piątym — obliczenia metodą PPK. W szóstym — opis pre- i postprocesora dla PPK i MES. Siódmy jest poświęcony zastosowaniu metody elementu skończonego — MES. W pracy zamieszczono również Wnioski.

2. Poprawność strukturalna kadłuba samochodowego

Rozważmy kadłub samochodowy, który można aproksymować przy pomocy skończonej liczby prostych powierzchni konstrukcyjnych (PPK). Niech będą one wielokątami. Dla uproszczenia założymy, że są to czworokąty. Zatem nadwozie samochodowe (kadłub) będzie dane jako zamknięty układ PPK. Pojedynczą PPK traktujemy jako nieskończenie cienką. Każda z PPK odpowiada w sposób przybliżony układom montażowo-spawalniczym wchodzącym w skład kadłuba, aczkolwiek nie musi być powierzchnią krzywą. W pierwszym przybliżeniu projektowania kadłub składa się wyłącznie z płaskich czworokątów dających przybliżony obrys żądanego kadłuba.

Celem tego rozdziału będzie znalezienie kryteriów poprawności przybliżonej konstrukcji kadłuba. Będą to więc kryteria poprawności konstrukcji cienkościennej. Na tym etapie projektowania będzie można określić poprawność konstrukcji kadłuba. W dalszej kolejności po znalezieniu właściwej postaci kadłuba (uproszczonego — zbudowanego z PPK) będzie można (poprzez właściwą zmianę PPK na powierzchnie krzywe) przejść do dalszego projektowania będąc pewnym, że kadłub jest poprawnie zaprojektowany jako konstrukcja cienkościenna. Na tym etapie znajdujemy właściwą formę kadłuba. Forma ta jest zerowym (ale **właściwym zerowym**) przybliżeniem przyszłego kadłuba. Zauważmy jeszcze, że metoda ta po jej zastosowaniu jest pierwszym krokiem do innych metod np. MES (metoda elementu skończonego). W ten sposób będziemy optymalizować konstrukcję poprawną.

W wielu wypadkach przy bardzo skomplikowanych obciążeniach zewnętrznych możemy dostać zbyt wiele niespełnionych warunków poprawności. Wprowadzanie zbyt dużych ilości pomocniczych PPK mijałoby się z celem. Dlatego też należy zrezygnować ze względów praktycznych z pewnych obciążeń.

Niech kadłub samochodowy będzie dany przez układ wierzchołków

$$W_i(x_i, y_i, z_i), \qquad i = 1, 2, \ldots, n \quad \text{(liczba wierzchołków)}.$$

Równocześnie nadwozie (kadłub) składa się ze skończonej ilości elementów PPK

$$E_1, E_2, \ldots, E_p \qquad (p \text{ liczba PPK w nadwoziu}).$$

Pojedynczy element E_i, $i = 1, 2, \ldots, p$ jest scharakteryzowany przez cztery wierzchołki

$$(W_{i_1}, W_{i_2}, W_{i_3}, W_{i_4}), \qquad i = 1, 2, \ldots, p$$

tworzące czworokąt. Wierzchołki te leżą w jednej płaszczyźnie zwanej płaszczyzną PPK.

Mamy zatem krawędzie

$$(\overrightarrow{W_{i_1}W_{i_2}}, \overrightarrow{W_{i_2}W_{i_3}}, \overrightarrow{W_{i_3}W_{i_4}}, \overrightarrow{W_{i_4}W_{i_1}}) \tag{2.1}$$

o współrzędnych

$$\begin{aligned}
(x_{i_2} - x_{i_1}, y_{i_2} - y_{i_1}, z_{i_2} - z_{i_1}) &= \overrightarrow{W_{i_1}W_{i_2}} \\
(x_{i_3} - x_{i_2}, y_{i_3} - y_{i_2}, z_{i_3} - z_{i_2}) &= \overrightarrow{W_{i_2}W_{i_3}} \\
(x_{i_4} - x_{i_3}, y_{i_4} - y_{i_3}, z_{i_4} - z_{i_3}) &= \overrightarrow{W_{i_3}W_{i_4}} \\
(x_{i_1} - x_{i_4}, y_{i_1} - y_{i_4}, z_{i_1} - z_{i_4}) &= \overrightarrow{W_{i_4}W_{i_1}}
\end{aligned} \tag{2.2}$$

Współrzędne (x_i, y_i, z_i) dają nam położenie wierzchołków na siatce trójwymiarowej i są numerowane zgodnie z rysunkiem (Rys. 2).

Każda z krawędzi może być scharakteryzowana przez wektor jednostkowy (wersor) wzdłuż jej kierunku:

$$\begin{aligned}
\frac{\overrightarrow{W_{i_j}W_{i_{j+1}}}}{|\overrightarrow{W_{i_j}W_{i_{j+1}}}|} &= (\cos\beta_{i_j i_{j+1}}, \cos\gamma_{i_j i_{j+1}}, \cos\delta_{i_j i_{j+1}}) \qquad j = 1, 2, 3 \\
\frac{\overrightarrow{W_{i_4}W_{i_1}}}{|\overrightarrow{W_{i_4}W_{i_1}}|} &= (\cos\beta_{i_4 i_1}, \cos\gamma_{i_4 i_1}, \cos\delta_{i_4 i_1})
\end{aligned} \tag{2.3}$$

Wektor normalny do płaszczyzny PPK możemy wyznaczyć w znany sposób

$$\overrightarrow{N_i} = \overrightarrow{W_{i_1}W_{i_2}} \times \overrightarrow{W_{i_2}W_{i_3}}. \tag{2.4}$$

Jednostkowy wektor normalny wynosi:

$$\overrightarrow{n_i} = \frac{\overrightarrow{N_i}}{|\overrightarrow{N_i}|}. \tag{2.5}$$

Pozostałe krawędzie leżą w tej samej płaszczyźnie.

Mamy zatem

$$(\overrightarrow{N_i}, \overrightarrow{W_{i_3}W_{i_4}}) = (\overrightarrow{N_i}, \overrightarrow{W_{i_4}W_{i_1}}) = 0. \tag{2.6}$$

Przejdźmy teraz do warunków równowagi.

Niech na kadłub działają siły zewnętrzne $\overrightarrow{F_j}$, $j = 1, 2, \ldots, m$ zaczepione w punktach o wektorach wodzących $\overrightarrow{r_i}$. Siły te powodują reakcję zawieszeń $\overrightarrow{R_{pp}}, \overrightarrow{R_{pl}}, \overrightarrow{R_{tp}}, \overrightarrow{R_{tl}}$ zaczepionych w punktach o wektorach wodzących $\overrightarrow{r_{pp}}, \overrightarrow{r_{pl}}, \overrightarrow{r_{tp}}, \overrightarrow{r_{tl}}$. $\overrightarrow{R_{pp}}$ oznacza prawą przednią

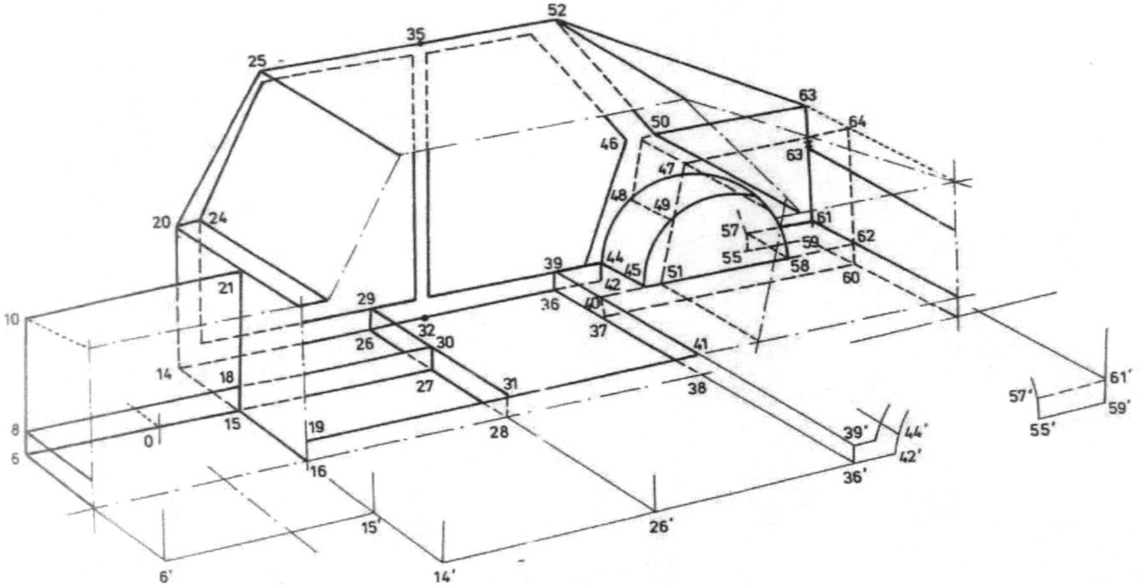

Rys. 2. Siatka punktów aproksymująca obrys dowolnego typu nadwozia osobowego w przybliżeniu PPK. Na rysunku znajduje się 40 elementów strukturalnych będących podstawowymi elementami wszystkich nadwozi osobowych oraz 71 wierzchołków. Narysowano tylko połowę nadwozia, po jednej stronie płaszczyzny symetrii. Punkty leżące po drugiej stronie płaszczyzny symetrii tradycyjnie mają te same numery, ale z primami, co wierzchołki będące ich obrazami ze względu na symetrię odbicia.

reakcję, $\overrightarrow{R_{tl}}$ — tylną lewą, $\overrightarrow{R_{tp}}$ — tylną prawą, $\overrightarrow{R_{pl}}$ — przednią lewą reakcję zawieszenia. Potraktujmy kadłub jako pojedyncze ciało sztywne (pojedynczą belkę) i wypiszmy równania równowagi (patrz Rys. 2, Rys. 3, Rys. 4). Mamy

$$\begin{aligned}&\sum_{j=1}^{m}\overrightarrow{F_j}+(\overrightarrow{R_{pp}}+\overrightarrow{R_{pl}}+\overrightarrow{R_{tp}}+\overrightarrow{R_{tl}})=0\\&\sum_{j=1}^{m}\overrightarrow{\mathrm{Mom}_0}(\overrightarrow{F_j})+\overrightarrow{\mathrm{Mom}_0}(\overrightarrow{R_{pp}})+\overrightarrow{\mathrm{Mom}_0}(\overrightarrow{R_{pl}})+\overrightarrow{\mathrm{Mom}_0}(\overrightarrow{R_{tp}})+\overrightarrow{\mathrm{Mom}_0}(\overrightarrow{R_{tl}})=0,\end{aligned} \tag{2.7}$$

gdzie

$$\overrightarrow{\mathrm{Mom}_0}(\vec{F})=\overrightarrow{r_F}\times\vec{F}=\begin{vmatrix}\overrightarrow{e_1}&\overrightarrow{e_2}&\overrightarrow{e_3}\\x_F&y_F&z_F\\F_x&F_y&F_z\end{vmatrix} \tag{2.8}$$

jest momentem wektora $\vec{F}$ zaczepionego w punkcie o wektorze wodzącym $\overrightarrow{r_F}$. Rozpisując we współrzędnych mamy:

$$\begin{aligned}&\sum_{j=1}^{m}F_{xj}+R_{ppx}+R_{plx}+R_{tpx}+R_{tlx}=0\\&\sum_{j=1}^{m}F_{yj}+R_{ppy}+R_{ply}+R_{tpy}+R_{tly}=0\\&\sum_{j=1}^{m}F_{zj}+R_{ppz}+R_{plz}+R_{tpz}+R_{tlz}=0\end{aligned}$$

$$\begin{aligned}&\sum_{j=1}^{m}(y_jF_{zj}-F_{yj}z_j)+(y_{pp}R_{ppz}-R_{ppy}z_{pp})+(y_{pl}R_{plz}-R_{ply}z_{pl})+\\&+(y_{tp}R_{tpz}-R_{tpy}z_{tp})+(y_{tl}R_{tlz}-R_{tly}z_{tl})=0\end{aligned} \tag{2.9}$$

$$\begin{aligned}&\sum_{j=1}^{m}(x_jF_{zj}-z_jF_{xj})+(x_{pp}R_{ppz}-z_{pp}R_{ppx})+(x_{pl}R_{plz}-z_{pl}R_{plx})+\\&+(x_{tp}R_{tpz}-z_{tp}R_{tpx})+(x_{tl}R_{tlz}-z_{tl}R_{tlx})=0\end{aligned}$$

$$\begin{aligned}&\sum_{j=1}^{m}(x_jF_{yj}-y_jF_{xj})+(x_{pp}R_{ppy}-y_{pp}R_{ppx})+(x_{pl}R_{ply}-y_{pl}R_{plx})+\\&+(x_{tp}R_{tpy}-y_{tp}R_{tpx})+(x_{tl}R_{tly}-y_{tl}R_{tlx})=0\end{aligned}$$

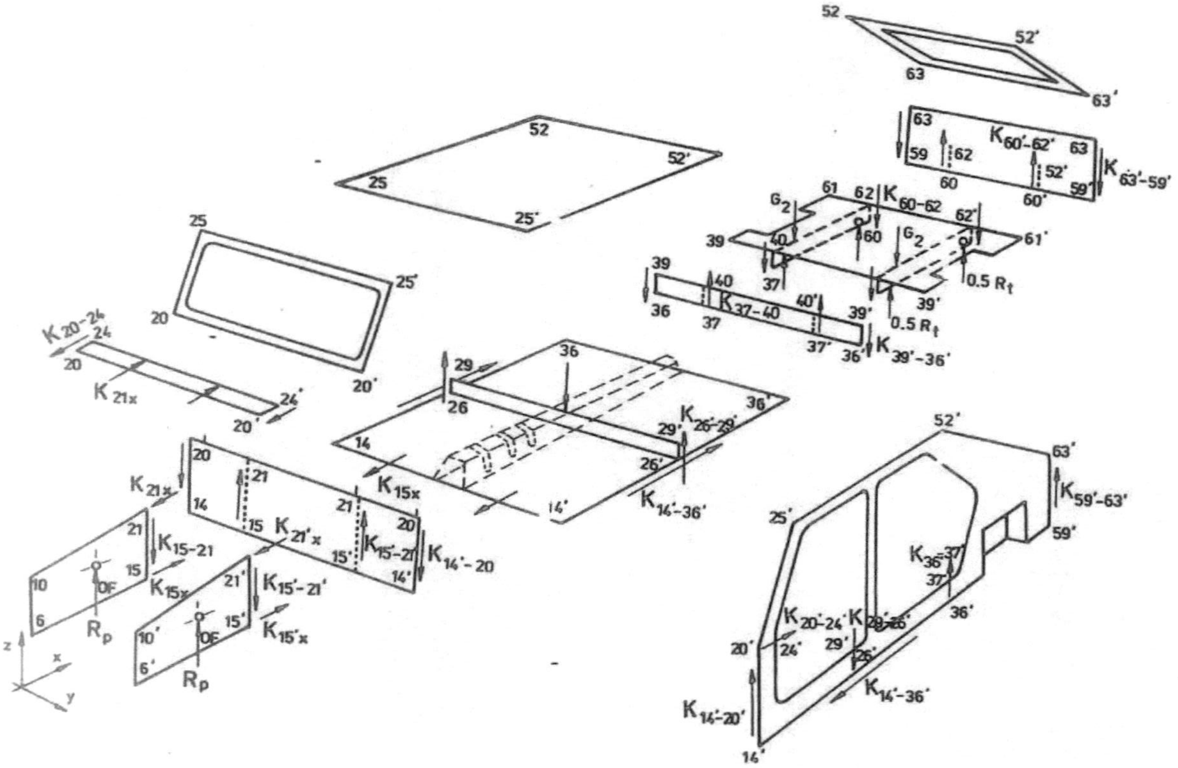

Rys. 3. Nadwozie w postaci rozstrzelonych PPK. Układ sił krawędziowych dla obciążeń zginających.

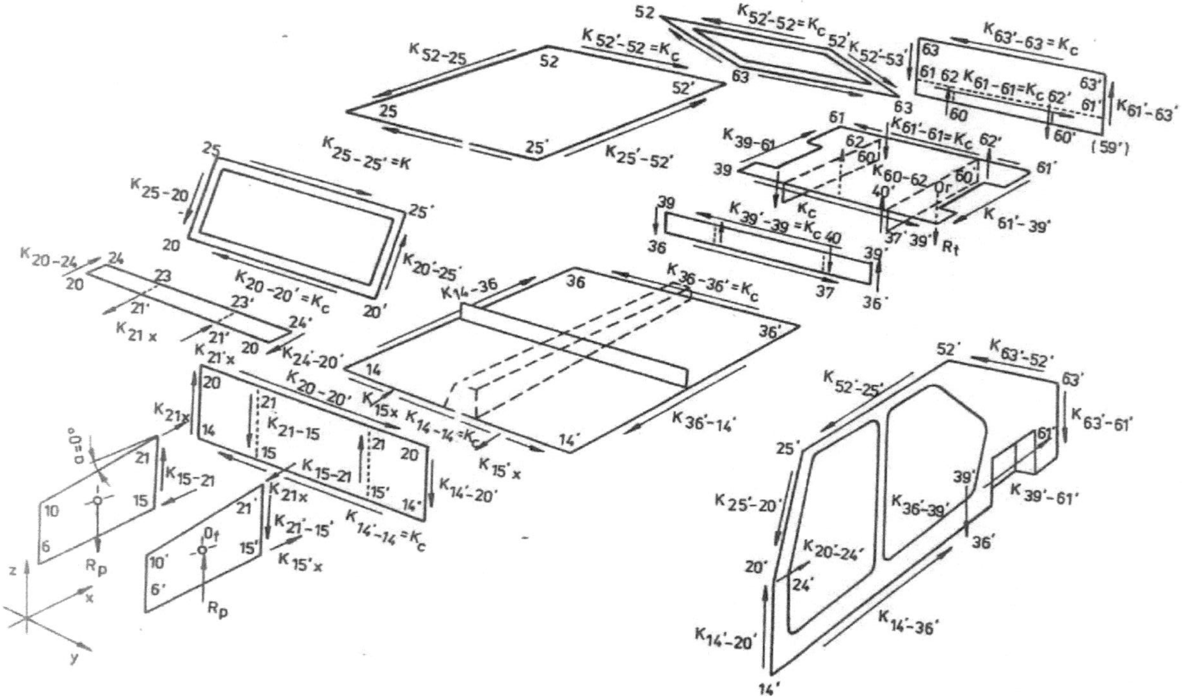

Rys. 4. Nadwozie w pos aci rozstrzelonych PPK. Układ sił krawędziowych dla obciążeń skręcających.

Załóżmy, że siły reakcji i obciążenia zewnętrzne są przyłożone do pewnych PPK (nie wszystkich). Niech to będą (PPK) o numerach i_j, $j = 1, 2, \ldots, q = m+4$. W zasadzie siły zewnętrzne i reakcji powinny zostać rozłożone na składowe tak, aby być przyłożonymi do tych PPK. Załóżmy jednak, że dokonaliśmy już tego typu rozkładu i że mamy następujący rozkład sił:

$$\begin{array}{ccccccc} E_{i_1} & - & \overrightarrow{F_1}, & E_{i_{m+1}} & - & \overrightarrow{R_{pp}} \\ E_{i_2} & - & \overrightarrow{F_2}, & E_{i_{m+2}} & - & \overrightarrow{R_{pl}} \\ \vdots & - & \vdots & E_{i_{m+3}} & - & \overrightarrow{R_{lp}} \\ E_{i_m} & - & \overrightarrow{F_m}, & E_{i_{m+4}} & - & \overrightarrow{R_{ll}} \end{array}, \quad q = m+4 \tag{2.10}$$

Możemy więc wypisać warunki równowagi dla tych wybranych PPK. Dogodnie jest potraktować $\overrightarrow{R_{pp}}, \overrightarrow{R_{pl}}, \overrightarrow{R_{lp}}, \overrightarrow{R_{ll}}$ jako siły $\overrightarrow{F_{m+1}}, \overrightarrow{F_{m+2}}, \overrightarrow{F_{m+3}}, \overrightarrow{F_{m+4}}$. Mamy zatem dla $j = 1, 2, \ldots, q = m+4$

$$\begin{aligned} &\overrightarrow{K_{i_{j_1} i_{j_2}}} + \overrightarrow{K_{i_{j_2} i_{j_3}}} + \overrightarrow{K_{i_{j_3} i_{j_4}}} + \overrightarrow{K_{i_{j_4} i_{j_1}}} + \overrightarrow{F_j} = 0 \\ &\overrightarrow{\mathrm{Mom}_0}(\overrightarrow{K_{i_{j_1} i_{j_2}}}) + \overrightarrow{\mathrm{Mom}_0}(\overrightarrow{K_{i_{j_2} i_{j_3}}}) + \overrightarrow{\mathrm{Mom}_0}(\overrightarrow{K_{i_{j_3} i_{j_4}}}) + \overrightarrow{\mathrm{Mom}_0}(\overrightarrow{K_{i_{j_4} i_{j_1}}}) + \overrightarrow{\mathrm{Mom}_0}(\overrightarrow{F_j}) = 0 \end{aligned} \tag{2.11}$$

Załóżmy, że siły K są siłami krawędziowymi. Zatem

$$\begin{aligned} \overrightarrow{K_{l_1 l_2}} &= \alpha_{l_1 l_2} \overrightarrow{W_{l_1} W_{l_2}} = \varepsilon_{l_1 l_2} |K_{l_1 l_2}| \frac{\overrightarrow{W_{l_1} W_{l_2}}}{|\overrightarrow{W_{l_1} W_{l_2}}|} = \\ &= \varepsilon_{l_1 l_2} |K_{l_1 l_2}| (\cos \beta_{l_1 l_2}, \cos \gamma_{l_1 l_2}, \cos \delta_{l_1 l_2}) \end{aligned} \tag{2.12}$$

Jest to układ równań niejednorodnych dla sił krawędziowych (mamy oczywiście $\varepsilon_{l_1 l_2} = \pm 1$), $\alpha_{l_1 l_2}$ jest współczynnikiem. Uważamy, że konstrukcja jest poprawna, gdy żadna z sił $\overrightarrow{F_j}$ nie ma składowej prostopadłej do płaszczyzny PPK E_i oraz gdy nie istnieje składowa momentu tej siły leżąca w płaszczyźnie tej PPK. Równanie płaszczyzny PPK możemy łatwo zapisać

1) $(\overrightarrow{N_{i_j}}, \vec{r}) = 0$

   $\vec{r} = (x, y, z)$ wektor leżący w płaszczyźnie

2) $\vec{r} = u_1 \overrightarrow{W_{i_{j_1}} W_{i_{j_2}}} + u_2 \overrightarrow{W_{i_{j_2}} W_{i_{j_3}}}$ gdzie u_1, u_2 parametry rzeczywiste.

   Mamy zatem

a) $F_j \in$ (płaszczyzna PPK, E_{i_j})

b) $\overrightarrow{\mathrm{Mom}_0}(\overrightarrow{F_j}) \perp$ płaszczyzny PPK, E_{i_j}

Oba warunki łatwo jest wyrazić w postaci analitycznej

$$
\begin{aligned}
&\text{a) } (\overrightarrow{F_j}, \overrightarrow{N_{i_j}}) = 0, \text{ lub} \\
&\quad (\overrightarrow{F_j}, (\overrightarrow{W_{i_{j_1}} W_{i_{j_2}} W_{i_{j_2}} W_{i_{j_3}}} \times \overrightarrow{W_{i_{j_2}} W_{i_{j_3}} W_{i_{j_3}} W_{i_{j_4}}})) = \\
&\quad = (\overrightarrow{F_j}, \overrightarrow{W_{i_{j_1}} W_{i_{j_2}}}, \overrightarrow{W_{i_{j_2}} W_{i_{j_3}}}) = 0 \text{ (iloczyn mieszany)} \\
&\text{b) } (\overrightarrow{r_j} \times \overrightarrow{F_j}) \times \overrightarrow{N_{i_j}} = 0, \text{lub } (\overrightarrow{r_j} \times \overrightarrow{F_j}) \times (\overrightarrow{W_{i_{j_1}} W_{i_{j_2}}} \times \overrightarrow{W_{i_{j_2}} W_{i_{j_3}}}) = 0
\end{aligned}
\tag{2.13}
$$

Jeśli jeden z tych warunków dla co najmniej jednej z PPK nie jest spełniony, znajdujemy składową $\overrightarrow{F_j}$ prostopadłą do płaszczyzny PPK i wprowadzamy nowy układ ppk, zwanych pomocniczymi (ppk) tak, aby składowe znalazły się w płaszczyznach nowych ppk. Nowe ppk (pomocnicze), np. podłużnice, poprzeczne, będą przyjmowały także niewłaściwe składowe momentów. Płaszczyzny ich muszą być więc prostopadłe do płaszczyzny PPK (głównej), do której istnieje składowa normalna siły zewnętrznej lub siły reakcji.

Procedurę tę można sformalizować w następujący sposób. Niech dla wskaźników $j(k)$, $k = 1, 2, \ldots, q_1$ kryteria poprawności nie będą spełnione. Zatem PPK o numerach $i_{j(k)}, k = 1, 2, \ldots, q_1$ wymagają wprowadzenia pomocniczych ppk prostopadłych do ich płaszczyzn. Będą to również czworokąty o wierzchołkach

$$(w_{k_1}, w_{k_2}, w_{k_3}, w_{k_4}) \qquad k = 1, 2, \ldots, q_1$$

(zauważmy, że teraz w są małymi literami).

Wierzchołki te wraz z krawędziami dodajemy do poprzednich i otrzymujemy konstrukcję, która jest już poprawna. Występują w niej wyłącznie siły krawędziowe.

Możemy zatem wypisać równania równowagi dla wszystkich PPK (także pomocniczych) kadłuba.

Mamy:

$$
\begin{aligned}
&\overrightarrow{K_{i_1 i_2}} + \overrightarrow{K_{i_2 i_3}} + \overrightarrow{K_{i_3 i_4}} + \overrightarrow{K_{i_4 i_1}} = 0 \\
&\overrightarrow{\mathrm{Mom}_0}(\overrightarrow{K_{i_1 i_2}}) + \overrightarrow{\mathrm{Mom}_0}(\overrightarrow{K_{i_2 i_3}}) + \overrightarrow{\mathrm{Mom}_0}(\overrightarrow{K_{i_3 i_4}}) + \overrightarrow{\mathrm{Mom}_0}(\overrightarrow{K_{i_4 i_1}}) = 0 \quad i = 1, 2, \ldots, p_1
\end{aligned}
\tag{2.14}
$$

(p_1 jest liczbą tych PPK, do których nie są przyłożone siły zewnętrzne ani reakcji zawieszenia).

Jest to układ równań jednorodnych.

Niech (PPK) (E_i) $i = p_1 + 1, p_1 + 2, \ldots, p_1 + q_1 + p_2$ będą tymi PPK, do których przyłożone są siły zewnętrzne lub reakcji zawieszeń. Siły zewnętrzne i reakcji zawieszeń zostały tutaj rozłożone na składowe prostopadłe (jeśli są różne od zera) i równoległe do płaszczyzny PPK, do której są przyłożone. Cały układ został uzupełniony do nowego układu poprzez dodanie nowych PPK (pomocniczych), jeśli istniały składowe normalne. Zatem możemy założyć, że wszystkie $\overrightarrow{F_i}$ (spełniające ogólne równanie równowagi) leżą w odpowiednich płaszczyznach (odpowiednich PPK).

Możemy więc napisać układ równań niejednorodnych.

$$
\begin{aligned}
&\overrightarrow{K_{i_1i_2}} + \overrightarrow{K_{i_2i_3}} + \overrightarrow{K_{i_3i_4}} + \overrightarrow{K_{i_4i_1}} = \overrightarrow{F_{i-p_1+1}} \\
&\overrightarrow{\mathrm{Mom}_0}(\overrightarrow{K_{i_1i_2}}) + \overrightarrow{\mathrm{Mom}_0}(\overrightarrow{K_{i_2i_3}}) + \overrightarrow{\mathrm{Mom}_0}(\overrightarrow{K_{i_3i_4}}) + \overrightarrow{\mathrm{Mom}_0}(\overrightarrow{K_{i_4i_1}}) = \overrightarrow{\mathrm{Mom}_0}(\overrightarrow{F_{i-p_1+1}}) \\
&i = p_1+1, p_1+2, \ldots, p_1+p_2+q_1 = q+q_1 = m+4+q_1
\end{aligned} \tag{2.15}
$$

Niech wektory wodzące sił krawędziowych będą $\overrightarrow{w_{i_1}}, \overrightarrow{w_{i_2}}, \overrightarrow{w_{i_3}}, \overrightarrow{w_{i_4}}$. Zatem dla równań jednorodnych mamy we współrzędnych kartezjańskich

dla sił:

$$
\begin{aligned}
&\varepsilon_{i_1i_2}|K_{i_1i_2}|\cos\beta_{i_1i_2} + \varepsilon_{i_2i_3}|K_{i_2i_3}|\cos\beta_{i_2i_3} + \varepsilon_{i_3i_4}|K_{i_3i_4}|\cos\beta_{i_3i_4} + \varepsilon_{i_4i_1}|K_{i_4i_1}|\cos\beta_{i_4i_1} = 0 \\
&\varepsilon_{i_1i_2}|K_{i_1i_2}|\cos\gamma_{i_1i_2} + \varepsilon_{i_2i_3}|K_{i_2i_3}|\cos\gamma_{i_2i_3} + \varepsilon_{i_3i_4}|K_{i_3i_4}|\cos\gamma_{i_3i_4} + \varepsilon_{i_4i_1}|K_{i_4i_1}|\cos\gamma_{i_4i_1} = 0 \\
&\varepsilon_{i_1i_2}|K_{i_1i_2}|\cos\delta_{i_1i_2} + \varepsilon_{i_2i_3}|K_{i_2i_3}|\cos\delta_{i_2i_3} + \varepsilon_{i_3i_4}|K_{i_3i_4}|\cos\delta_{i_3i_4} + \varepsilon_{i_4i_1}|K_{i_4i_1}|\cos\delta_{i_4i_1} = 0
\end{aligned} \tag{2.16}
$$

dla momentów:

$$
\begin{aligned}
&\varepsilon_{i_1i_2}|K_{i_1i_2}|(y_{i_1}\cos\delta_{i_1i_2} - z_{i_1}\cos\gamma_{i_1i_2}) + \varepsilon_{i_2i_3}|K_{i_2i_3}|(y_{i_2}\cos\delta_{i_2i_3} - z_{i_2}\cos\gamma_{i_2i_3}) + \\
&\quad + \varepsilon_{i_3i_4}|K_{i_3i_4}|(y_{i_3}\cos\delta_{i_3i_4} - z_{i_3}\cos\gamma_{i_3i_4}) + \varepsilon_{i_4i_1}|K_{i_4i_1}|(y_{i_4}\cos\delta_{i_4i_1} - z_{i_4}\cos\gamma_{i_4i_1}) = 0
\end{aligned}
$$

$$
\begin{aligned}
&\varepsilon_{i_1i_2}|K_{i_1i_2}|(x_{i_1}\cos\delta_{i_1i_2} - z_{i_1}\cos\beta_{i_1i_2}) + \varepsilon_{i_2i_3}|K_{i_2i_3}|(x_{i_2}\cos\delta_{i_2i_3} - z_{i_2}\cos\beta_{i_2i_3}) + \\
&\quad + \varepsilon_{i_3i_4}|K_{i_3i_4}|(x_{i_3}\cos\delta_{i_3i_4} - z_{i_3}\cos\beta_{i_3i_4}) + \varepsilon_{i_4i_1}|K_{i_4i_1}|(x_{i_4}\cos\delta_{i_4i_1} - z_{i_4}\cos\beta_{i_4i_1}) = 0
\end{aligned}
$$

$$
\begin{aligned}
&\varepsilon_{i_1i_2}|K_{i_1i_2}|(x_{i_1}\cos\gamma_{i_1i_2} - y_{i_1}\cos\beta_{i_1i_2}) + \varepsilon_{i_2i_3}|K_{i_2i_3}|(x_{i_2}\cos\gamma_{i_2i_3} - y_{i_2}\cos\beta_{i_2i_3}) + \\
&\quad + \varepsilon_{i_3i_4}|K_{i_3i_4}|(x_{i_3}\cos\gamma_{i_3i_4} - y_{i_3}\cos\beta_{i_3i_4}) + \varepsilon_{i_4i_1}|K_{i_4i_1}|(x_{i_4}\cos\gamma_{i_4i_1} - y_{i_4}\cos\beta_{i_4i_1}) = 0
\end{aligned}
$$

$$
\begin{aligned}
&i = 1, 2, \ldots, p_1 \\
&\varepsilon_{i_1i_2}, \varepsilon_{i_2i_3}, \varepsilon_{i_3i_4}, \varepsilon_{i_4i_1} = \pm 1
\end{aligned} \tag{2.17}
$$

Układ równań niejednorodnych (tj. dla tych PPK, do których są przyłożone siły zewnętrzne lub reakcje zawieszeń) przyjmuje następującą postać:

równowaga sił:

$$\varepsilon_{i_1 i_2}|K_{i_1 i_2}|\cos\beta_{i_1 i_2} + \varepsilon_{i_2 i_3}|K_{i_2 i_3}|\cos\beta_{i_2 i_3} + \varepsilon_{i_3 i_4}|K_{i_3 i_4}|\cos\beta_{i_3 i_4} + \varepsilon_{i_4 i_1}|K_{i_4 i_1}|\cos\beta_{i_4 i_1} = \\ = |F_{i-p_1+1}|\cos\beta_{i-p_1+1}$$

$$\varepsilon_{i_1 i_2}|K_{i_1 i_2}|\cos\gamma_{i_1 i_2} + \varepsilon_{i_2 i_3}|K_{i_2 i_3}|\cos\gamma_{i_2 i_3} + \varepsilon_{i_3 i_4}|K_{i_3 i_4}|\cos\gamma_{i_3 i_4} + \varepsilon_{i_4 i_1}|K_{i_4 i_1}|\cos\gamma_{i_4 i_1} = \\ = |F_{i-p_1+1}|\cos\gamma_{i-p_1+1}$$

$$\varepsilon_{i_1 i_2}|K_{i_1 i_2}|\cos\delta_{i_1 i_2} + \varepsilon_{i_2 i_3}|K_{i_2 i_3}|\cos\delta_{i_2 i_3} + \varepsilon_{i_3 i_4}|K_{i_3 i_4}|\cos\delta_{i_3 i_4} + \varepsilon_{i_4 i_1}|K_{i_4 i_1}|\cos\delta_{i_4 i_1} = \\ = |F_{i-p_1+1}|\cos\delta_{i-p_1+1}$$

$$i = p_1 + 1, p_1 + 2, \ldots, p_1 + p_2 = q = m + 4. \tag{2.18}$$

dla momentów otrzymamy:

$$\varepsilon_{i_1 i_2}|K_{i_1 i_2}|(y_{i_1}\cos\delta_{i_1 i_2} - z_{i_1}\cos\gamma_{i_1 i_2}) + \varepsilon_{i_2 i_3}|K_{i_2 i_3}|(y_{i_2}\cos\delta_{i_2 i_3} - z_{i_2}\cos\gamma_{i_2 i_3}) + \\ + \varepsilon_{i_3 i_4}|K_{i_3 i_4}|(y_{i_3}\cos\delta_{i_3 i_4} - z_{i_3}\cos\gamma_{i_3 i_4}) + \varepsilon_{i_4 i_1}|K_{i_4 i_1}|(y_{i_4}\cos\delta_{i_4 i_1} - z_{i_4}\cos\gamma_{i_4 i_1}) = \\ = |F_{i-p_1+1}|(y_{i-p_1+1}\cos\delta_{i-p_1+1} - z_{i-p_1+1}\cos\gamma_{i-p_1+1})$$

$$\varepsilon_{i_1 i_2}|K_{i_1 i_2}|(x_{i_1}\cos\delta_{i_1 i_2} - z_{i_1}\cos\beta_{i_1 i_2}) + \varepsilon_{i_2 i_3}|K_{i_2 i_3}|(x_{i_2}\cos\delta_{i_2 i_3} - z_{i_2}\cos\beta_{i_2 i_3}) + \\ + \varepsilon_{i_3 i_4}|K_{i_3 i_4}|(x_{i_3}\cos\delta_{i_3 i_4} - z_{i_3}\cos\beta_{i_3 i_4}) + \varepsilon_{i_4 i_1}|K_{i_4 i_1}|(x_{i_4}\cos\delta_{i_4 i_1} - z_{i_4}\cos\beta_{i_4 i_1}) = \\ = |F_{i-p_1+1}|(x_{i-p_1+1}\cos\delta_{i-p_1+1} - z_{i-p_1+1}\cos\beta_{i-p_1+1})$$

$$\varepsilon_{i_1 i_2}|K_{i_1 i_2}|(x_{i_1}\cos\gamma_{i_1 i_2} - y_{i_1}\cos\beta_{i_1 i_2}) + \varepsilon_{i_2 i_3}|K_{i_2 i_3}|(x_{i_2}\cos\gamma_{i_2 i_3} - y_{i_2}\cos\beta_{i_2 i_3}) + \\ + \varepsilon_{i_3 i_4}|K_{i_3 i_4}|(x_{i_3}\cos\gamma_{i_3 i_4} - y_{i_3}\cos\beta_{i_3 i_4}) + \varepsilon_{i_4 i_1}|K_{i_4 i_1}|(x_{i_4}\cos\gamma_{i_4 i_1} - y_{i_4}\cos\beta_{i_4 i_1}) = \\ = |F_{i-p_1+1}|(x_{i-p_1+1}\cos\gamma_{i-p_1+1} - y_{i-p_1+1}\cos\beta_{i-p_1+1})$$

$$i = p_1 + 1, p_1 + 2, \ldots, p_1 + p_2 = q = m + 4. \tag{2.19}$$

Mamy więc układ równań jednorodnych i niejednorodnych dla sił krawędziowych w kadłubie samochodu (Rys. 3, Rys. 4, Rys. 5). W równaniach przyjęto oznaczenia:

$\cos\beta_{i-p_1+1}, \cos\gamma_{i-p_1+1}, \cos\delta_{i-p_1+1}$ — cosinusy kierunkowe sił zewnętrznych lub reakcji zawieszeń,

$\overrightarrow{r_{i-p_1+1}} = (x_{i-p_1+1}, y_{i-p_1+1}, z_{i-p_1+1})$ — wektor wodzący punktu przyłożenia siły zewnętrznej lub reakcji zawieszenia.

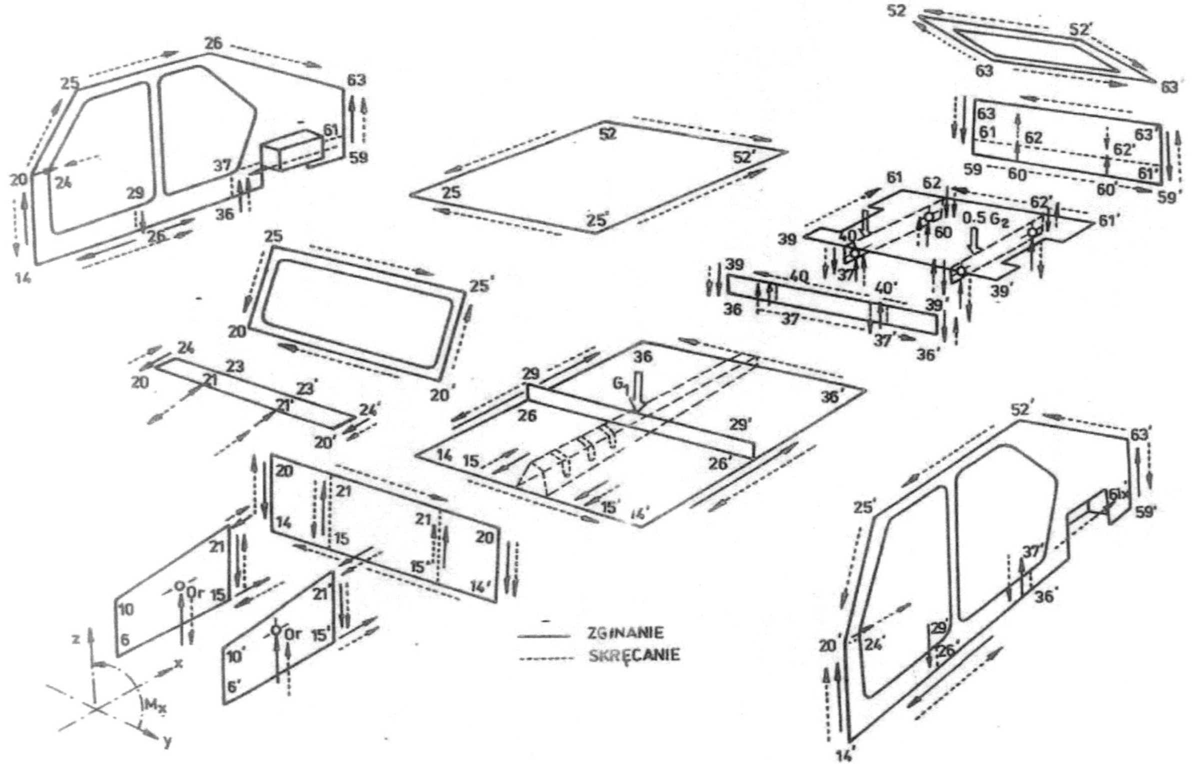

Rys. 5. Nadwozie w postaci rozstrzelonych PPK. Superpozycja obciążeń skręcających i zginających i układ sił krawędziowych.

3. Algorytmy obliczania sił krawędziowych

Przedstawimy teraz metody rozwiązywania układu równań dla sił krawędziowych w modelu matematycznym kadłuba samochodu. W modelu tym kadłub jest aproksymowany przez elementy płaskie (czworokąty, w ogólności n-kąty) ([1],[2],[3],[4]). Przypomnijmy, że PPK (Prosta Powierzchnia Konstrukcyjna) może być równoważna blachownicy lub ramownicy i że jest sztywna w swej płaszczyźnie. W miejscu zetknięcia się dwóch PPK powstają siły krawędziowe (patrz Rys. 6) leżące w płaszczyznach PPK. Model ten jest prosty (z zasady uproszczony). Niemniej odgrywa on poważną rolę w celu określenia poprawnej konstrukcji nadwozia samochodu jako konstrukcji cienkościennej. W dalszym ciągu projektowania można uważać otrzymany model za zerowe (poprawne) przybliżenie rzeczywistej konstrukcji, którą będzie można potem optymalizować przy pomocy np. MES. Metodę tę zaproponował J. Pawłowski ([2],[3]) i dokonał klasyfikacji wszystkich znanych nadwozi samochodowych, jak i PPK wchodzących w ich skład. Jak wiadomo jego typologia PPK odpowiada w dobrym przybliżeniu układom montażowo-spawalniczym ([2]) stosowanym przez różnych producentów samochodów.

W rozdziale 2 (patrz także [3]) sformułowano w matematycznej postaci kryteria poprawności strukturalnej nadwozia samochodowego wypisując w końcowej jej partii układ równań dla wszystkich składowych sił krawędziowych. Jest to układ równań liniowych postaci

$$AK = F, \tag{3.1}$$

gdzie

$$K = \begin{pmatrix} K_{1x} \\ K_{1y} \\ K_{1z} \\ \vdots \\ K_{Nz} \end{pmatrix} \tag{3.2}$$

jest wektorem zbudowanym ze wszystkich składowych sił krawędziowych, A jest macierzą (najczęściej prostokątną) zadaną przez geometryczne parametry siatki opisującej nadwozie, F jest wektorem sił uogólnionych zbudowanym ze składowych obciążeń zewnętrznych i sił reakcji. Układ równań (3.1) można by rozwiązać w następujący sposób:

1) Zredukować A do postaci kwadratowej $\tilde{A}$ tak, aby $\tilde{A}k = \tilde{F}$. $\tilde{F}$ jest zredukowanym wektorem F,
2) Odwrócić $\tilde{A}$ przy pomocy metody nieiteracyjnej wprowadzając $B = (\tilde{A})^{-1}$,
3) Potraktować B jako zerowe przybliżenie $\tilde{A}^{-1}$ dla metody iteracyjnej i przy pomocy tej metody udokładnić macierz odwrotną tj. dokonać n_0-iteracji optymalnie ze względu na metodę i zastosowany typ maszyny cyfrowej

$$B_0 = B \tag{3.3}$$

$$B_{n+1} = f(B_n), \qquad n = 0, \ldots, n_0 - 1,$$

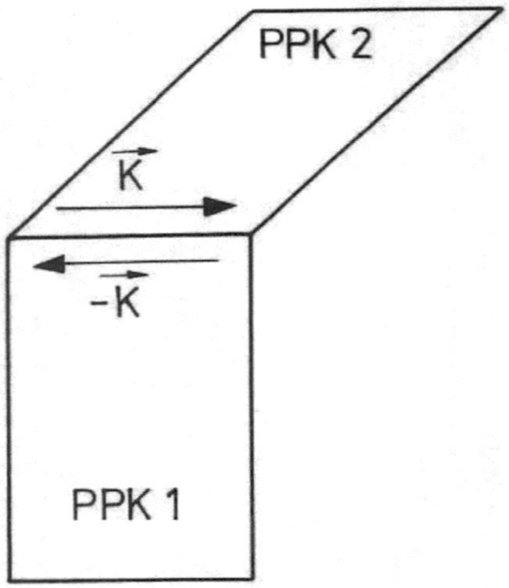

Rys. 6. Reakcja sił krawędziowych na wspólnej krawędzi dwóch PPK (PPK1 i PPK2)

4) Obliczyć wektor K

$$K = B_{n_0}\tilde{F}. \tag{3.4}$$

Każde nadwozie będzie więc charakteryzowane przez $\tilde{A}$ i B_{n_0}.

Metoda ta aczkolwiek prosta ideowo, nie jest jednak najprostsza w zastosowaniu na EMC z uwagi na dość trudny do sformalizowania punkt 2) tj. eliminację zależnych równań. Dlatego też w tej pracy zastosujemy trochę inną metodę opartą o analizę równań równowagi poszczególnych PPK.

W tym celu rozpatrujemy cztery przypadki (I–IV).

Dla każdej PPK rozpatrywanej w przypadkach I–IV wypisujemy równania równowagi

$$\sum_{j=1}^{n} \vec{K_j} + \vec{F} = 0 \tag{3.5}$$

$$\sum_{j=1}^{n} \overrightarrow{\mathrm{Mom}_0}(\vec{K_j}) + \overrightarrow{\mathrm{Mom}_0}(\vec{F}) = 0 \tag{3.6}$$

przy założeniu,że $\vec{F}$ należy do płaszczyzny PPK, oraz r_F leży w tej płaszczyźnie. Zakładamy również że $\vec{K_j}$ jest współliniowe z j-tą krawędzią wielokąta, $\vec{r_F}$ — wektor wodzący siły $\vec{F}$. Zakładamy normalnie $n = 4$ lub $n = 6$. $\vec{K_j}$ są siłami krawędziowymi.

I. Przypadek PPK z przyłożoną siłą zewnętrzną leżącą w jej płaszczyźnie

Niech W_1, W_2, W_3, W_4 będą wierzchołkami czworokąta zadającego daną PPK.

$$W_i = (x_i, y_i, z_i), \qquad i = 1, 2, 3, 4$$

Niech wektorem siły zewnętrznej będzie $\vec{F} = (F_x, F_y, F_z)$ i niech jej punkt przyłożenia będzie $r_F = (x_F, y_F, z_F)$ (patrz Rys. 7).

Punkty W_1, W_2, W_3, W_4 leżą w jednej płaszczyźnie, wektor $\vec{F}$ leży w tej płaszczyźnie oraz r_F należy do tej płaszczyzny. Zakładając że wektory $\overrightarrow{W_4W_1}$ i $\overrightarrow{W_4W_3}$ są liniowo niezależne, tj.

$$\mathrm{Rz}\begin{pmatrix} x_1 - x_4, & y_1 - y_4, & z_1 - z_4 \\ x_3 - x_4, & y_3 - y_4, & z_3 - z_4 \end{pmatrix} = 2 \tag{3.7}$$

możemy wypisać równanie płaszczyzny rozpinanej przez wektory $\overrightarrow{W_4W_1}$ i $\overrightarrow{W_4W_3}$ i przechodzącej przez punkt W_4. Zatem mamy

$$\det\begin{vmatrix} X - x_4 & Y - y_4 & Z - z_4 \\ x_1 - x_4 & y_1 - y_4 & z_1 - z_4 \\ x_3 - x_4 & y_3 - y_4 & z_3 - z_4 \end{vmatrix} = 0. \tag{3.8}$$

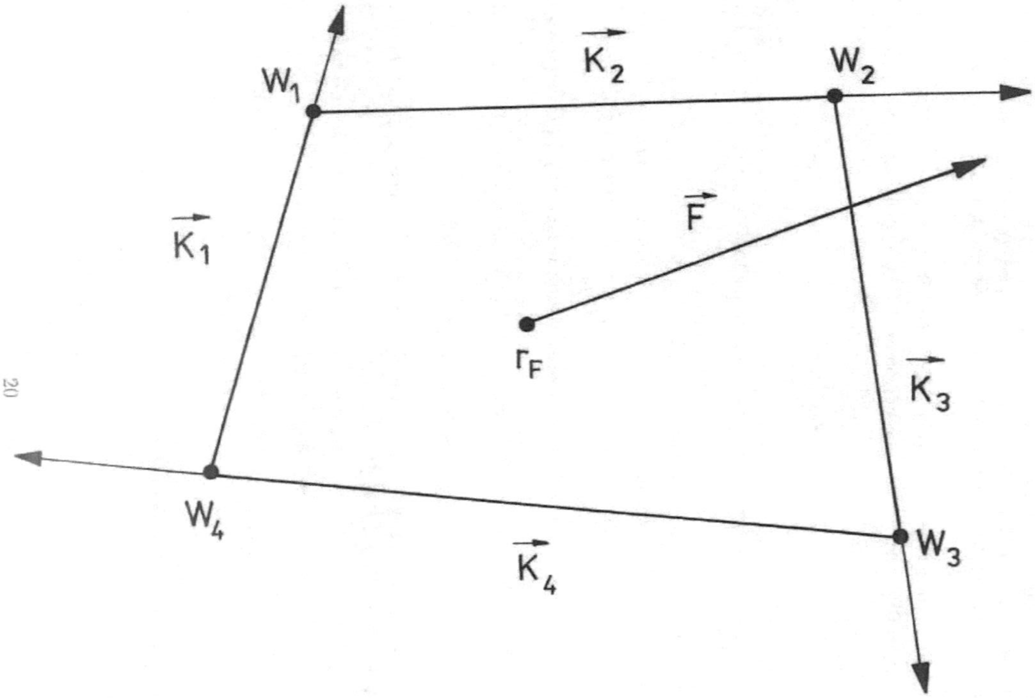

Rys. 7. Przypadek I. PPK z obciążeniem zewnętrznym $\vec{F}$. Układ sił krawędziowych.

Zgodnie z założeniem r_F należy do płaszczyzny PPK oraz W_1, W_2, W_3, W_4 należą do tejże płaszczyzny, co jest łatwo sprawdzić podstawiając do (3.8) za X, Y, Z, x_F, y_F, z_F oraz $x_i, y_i, z_i, i = 1, 2, 3, 4$. Warunek przynależności $\vec{F}$ do tej płaszczyzny możemy zapisać

$$\det \begin{vmatrix} F_x & F_y & F_z \\ x_1 - x_4 & y_1 - y_4 & z_1 - z_4 \\ x_3 - x_4 & y_3 - y_4 & z_3 - z_4 \end{vmatrix} = 0. \tag{3.9}$$

Rozwiązując równania równowagi (zakładając że mamy wyłącznie siły krawędziowe) otrzymujemy:

$$\begin{aligned} \overrightarrow{K_1} &= (\lambda - \alpha)\overrightarrow{W_4 W_1} = -(\lambda - \alpha)(x_4 - x_1, y_4 - y_1, z_4 - z_1) \\ \overrightarrow{K_2} &= \lambda \overrightarrow{W_1 W_2} = -\lambda(x_1 - x_2, y_1 - y_2, z_1 - z_2) \\ \overrightarrow{K_3} &= \lambda \overrightarrow{W_2 W_3} = -\lambda(x_2 - x_3, y_2 - y_3, z_2 - z_3) \\ \overrightarrow{K_4} &= (\lambda + \beta)\overrightarrow{W_3 W_4} = -(\lambda + \beta)(x_3 - x_4, y_3 - y_4, z_3 - z_4) \end{aligned} \tag{3.10}$$

gdzie

$$\lambda = -\frac{\gamma}{B + D(1 + A) - CB}. \tag{3.11}$$

Zaś dla γ, B, D, A, C mamy następujące zależności

$$\gamma = (\alpha\beta - b\alpha) \tag{3.12}$$

$$\alpha = -\frac{\det \begin{vmatrix} F_x & x_4 - x_3 \\ F_y & y_4 - y_3 \end{vmatrix}}{\det \begin{vmatrix} x_4 - x_1 & x_4 - x_3 \\ y_4 - y_1 & y_4 - y_3 \end{vmatrix}} \tag{3.13}$$

$$\beta = -\frac{\det \begin{vmatrix} x_4 - x_1 & F_x \\ y_4 - y_1 & F_y \end{vmatrix}}{\det \begin{vmatrix} x_4 - x_1 & x_4 - x_3 \\ y_4 - y_1 & y_4 - y_3 \end{vmatrix}} \tag{3.14}$$

$$a = -\frac{\det \begin{vmatrix} x_F - x_4 & x_4 - x_3 \\ y_F - y_4 & y_4 - y_3 \end{vmatrix}}{\det \begin{vmatrix} x_4 - x_1 & x_4 - x_3 \\ y_4 - y_1 & y_4 - y_3 \end{vmatrix}} \tag{3.15}$$

$$b = -\frac{\det \begin{vmatrix} x_4 - x_1 & x_F - x_4 \\ y_4 - y_1 & y_F - y_4 \end{vmatrix}}{\det \begin{vmatrix} x_4 - x_1 & x_4 - x_3 \\ y_4 - y_1 & y_4 - y_3 \end{vmatrix}} \tag{3.16}$$

przy założeniu że

$$\det\begin{vmatrix} x_4 - x_1 & x_4 - x_3 \\ y_4 - y_1 & y_4 - y_3 \end{vmatrix} \neq 0. \tag{3.17}$$

Jeśli warunek (3.17) nie jest spełniony (co może się zdarzyć przy szczególnym doborze współrzędnych), wtedy co najmniej jeden z wyznaczników tj.

$$\det\begin{vmatrix} x_4 - x_1 & x_4 - x_3 \\ z_4 - z_1 & z_4 - z_3 \end{vmatrix}$$

lub

$$\det\begin{vmatrix} z_4 - z_1 & z_4 - z_3 \\ y_4 - y_1 & y_4 - y_3 \end{vmatrix}$$

jest różny od zera. W tym wypadku należy zamienić we wzorach (3.13)÷(3.16) x na y, y na z lub x na z (dotyczy to także F np. F_x na F_y) zgodnie z postacią niezerowego wyznacznika.

Dla A, B, C, D mamy

$$A = \frac{\det\begin{vmatrix} x_1 - x_2 & x_4 - x_3 \\ y_1 - y_2 & y_4 - y_3 \end{vmatrix}}{\det\begin{vmatrix} x_4 - x_1 & x_4 - x_3 \\ y_4 - y_1 & y_4 - y_3 \end{vmatrix}} \tag{3.18}$$

$$B = \frac{\det\begin{vmatrix} x_4 - x_1 & x_1 - x_2 \\ y_4 - y_1 & y_1 - y_2 \end{vmatrix}}{\det\begin{vmatrix} x_4 - x_1 & x_4 - x_3 \\ y_4 - y_1 & y_4 - y_3 \end{vmatrix}} \tag{3.19}$$

$$C = \frac{\det\begin{vmatrix} x_2 - x_3 & x_4 - x_3 \\ y_2 - y_3 & y_4 - y_3 \end{vmatrix}}{\det\begin{vmatrix} x_4 - x_1 & x_4 - x_3 \\ y_4 - y_1 & y_4 - y_3 \end{vmatrix}} \tag{3.20}$$

$$D = \frac{\det\begin{vmatrix} x_4 - x_1 & x_2 - x_3 \\ y_4 - y_1 & y_2 - y_3 \end{vmatrix}}{\det\begin{vmatrix} x_4 - x_1 & x_4 - x_3 \\ y_4 - y_1 & y_4 - y_3 \end{vmatrix}} \tag{3.21}$$

Uwaga odnosząca się do równań (3.13)÷(3.16) dotyczy również równań (3.18)÷(3.21).

II. Przypadek PPK bez przyłożonych sił zewnętrznych (patrz Rys. 8)

W tym przypadku musimy założyć, że czworokąt W_1, W_2, W_3, W_4 jest równoległobokiem (np. prostokątem). Zatem mamy dodatkowe warunki:

$$\begin{aligned} x_4 - x_1 &= x_2 - x_3 \\ y_4 - y_1 &= y_2 - y_3 \\ z_4 - z_1 &= z_2 - z_3 \end{aligned} \tag{3.22}$$

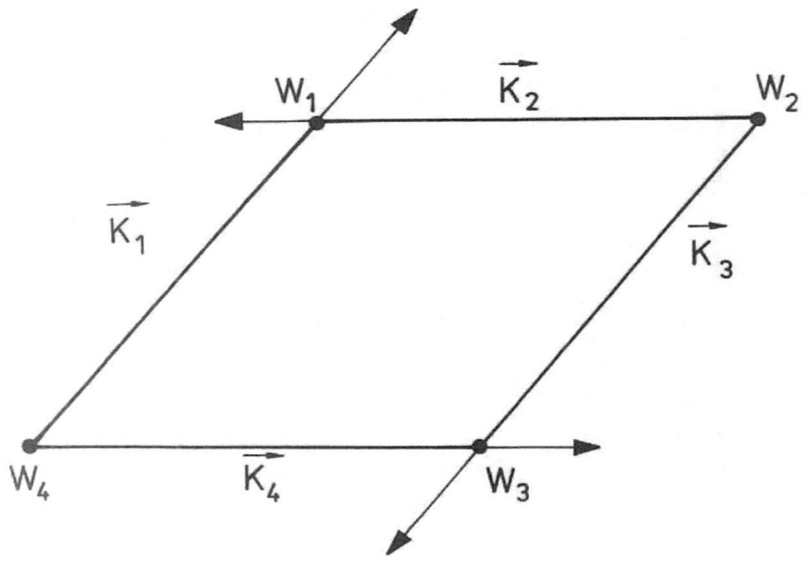

Rys. 8. Przypadek II. Wewnętrzna PPK (równoległobok). Układ sił krawędziowych.

$$
\begin{aligned}
x_1 - x_2 &= x_4 - x_3 \\
y_1 - y_2 &= y_4 - y_3 \\
z_1 - z_2 &= z_4 - z_3
\end{aligned}
\tag{3.23}
$$

Punkt W_4 musi należeć do płaszczyzny $W_1W_2W_3$ tj.

$$
\det \begin{vmatrix} x_4 - x_1, & y_4 - y_1, & z_4 - z_1 \\ x_1 - x_2, & y_1 - y_2, & z_1 - z_2 \\ x_2 - x_3, & y_2 - y_3, & z_2 - z_3 \end{vmatrix} = 0. \tag{3.24}
$$

Zauważmy w tym miejscu, że nie każda wewnętrzna PPK (tj. bez przyłożonych obciążeń zewnętrznych) musi być równoległobokiem. Taki przypadek będzie rozpatrzony niżej.

Rozwiązanie równań równowagi dla sił krawędziowych wygląda następująco

$$
\begin{aligned}
\overrightarrow{K_1} &= \lambda\overrightarrow{W_4W_1} = -\lambda(x_4 - x_1, y_4 - y_1, z_4 - z_1) \\
\overrightarrow{K_2} &= -\lambda\overrightarrow{W_1W_2} = \lambda(x_1 - x_2, y_1 - y_2, z_1 - z_2) \\
\overrightarrow{K_3} &= \lambda\overrightarrow{W_2W_3} = -\lambda(x_2 - x_3, y_2 - y_3, z_2 - z_3) \\
\overrightarrow{K_4} &= -\lambda\overrightarrow{W_3W_4} = \lambda(x_3 - x_4, y_3 - y_4, z_3 - z_4)
\end{aligned}
\tag{3.25}
$$

Czynnik λ jest tu dowolny i jego wartość może być wyznaczona tylko poprzez siły reakcji w innych PPK stykających się z daną. Przypomnijmy tutaj jeszcze raz ([1],[2],[3],[4]), że siły krawędziowe są przyłożone wzdłuż krawędzi PPK, a zatem ich kierunek jest dany, nie jest natomiast dana ich długość i ich zwrot. W przypadku stykających się PPK zwroty sił krawędziowych w obu PPK są przeciwne. Czynnik λ jest dany w przypadku I i jeśli PPK bez obciążeń zewnętrznych styka się z PPK z obciążeniami zewnętrznymi, to czynnik λ może być łatwo wyznaczony (patrz Rys. 9). W szczególności λ może być równe zeru. W takim przypadku mówimy, że dana PPK (wewnętrzna) nie pracuje przy danym typie obciążenia zewnętrznego.

III. PPK z przytwierdzoną do niej inną PPK prostopadłą do jej powierzchni wewnątrz czworokąta (bez sił zewnętrznych)

Jest to przykład PPK, która nie musi być równoległobokiem tak jak w przypadku II. Sytuacja ta jest przedstawiona na Rys. 10. Zauważmy, że przypadek ten jest podobny do przypadku I z tym, że teraz rolę siły zewnętrznej spełnia siła reakcji od siły krawędziowej (tj. $-\vec{K}$) należącej do PPK stykającej się z naszą PPK (tj. PPK2 zgodnie z rysunkiem). Zatem możemy wykorzystać wzory (3.7)÷(3.19) podstawiając w miejscu $\vec{F}$, $-\vec{K}$, a w miejscu r_F, $p = (p_x, p_y, p_z)$ tj. punkt zetknięcia się PPK2 z PPK1, w którym jest przyłożona siła krawędziowa.

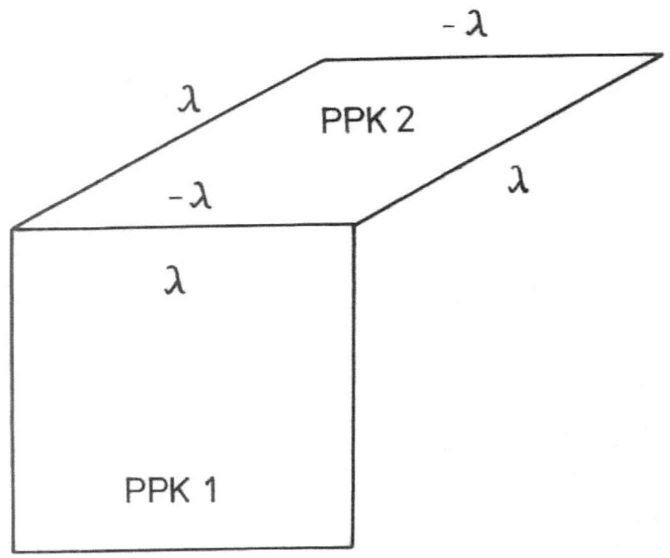

Rys. 9. Uzgadnianie czynników λ dla dwóch stykających się PPK (PPK1 i PPK2)

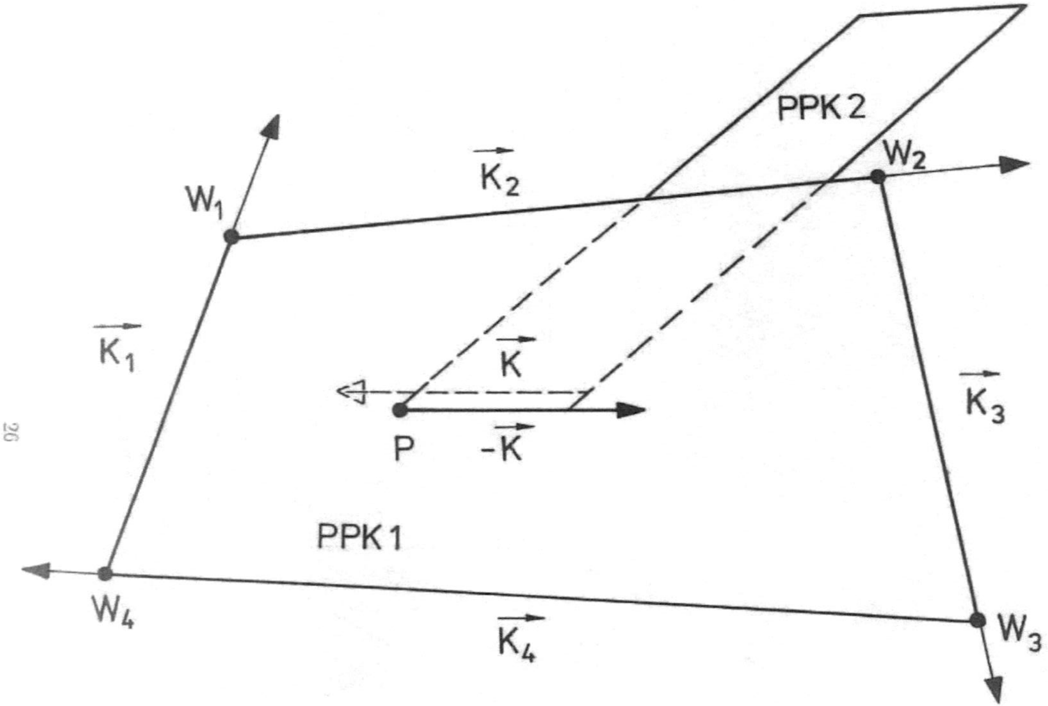

Rys. 10. Przypadek III. Wewnętrzna PPK (PPK1) z przytwierdzoną do niej inną PPK (PPK2). Układ sił krawędziowych.

Z uwagi na to, że w modelu kadłuba samochodowego mogą występowć PPK (do których przytwierdzone są prostopadle inne PPK) nie będące czworokątami należy rozpatrzyć niezależnie przypadek PPK będący n-kątem (patrz Rys. 1). Zatem mamy przypadek IV.

IV. PPK1 (będąca n-kątem) z przytwierdzoną do niej inną PPK (PPK2) prostopadle do jej powierzchni wewnątrz n-kąta (bez sił zewnętrznych)

Niech $W_1, W_2, \ldots, W_n$ będą wierzchołkami n-kąta zadającego PPK1

$$W_i = (x_i, y_i, z_i), \qquad i = 1, 2, 3, \ldots, n-1, n.$$

Niech wektorem siły krawędziowej przynależącej do PPK2 będzie $\vec{K} = (K_x, K_y, K_z)$ i niech jej punkt przyłożenia będzie $p = (p_x, p_y, p_z)$ (Rys. 11). Punkty $W_1, W_2, \ldots, W_n$ leżą w jednej płaszczyźnie i wektor $\vec{K}$ leży w tej płaszczyźnie oraz p należy do tej płaszczyzny. Zakładając że wektory $\overrightarrow{W_n W_1}$ i $\overrightarrow{W_n W_{n-1}}$ są liniowo niezależne, tj.

$$\mathrm{Rz}\begin{pmatrix} x_n - x_1, & y_n - y_1, & z_n - z_1 \\ x_n - x_{n-1}, & y_n - y_{n-1}, & z_n - z_{n-1} \end{pmatrix} = 2 \tag{3.26}$$

możemy napisać równanie płaszczyzny rozpinanej przez wektory $\overrightarrow{W_n W_1}$ i $\overrightarrow{W_n W_{n-1}}$ i przechodzącej przez punkt W_n.

Zatem mamy:

$$\det\begin{vmatrix} X - x_n & Y - y_n & Z - z_n \\ x_1 - x_n & y_1 - y_n & z_1 - z_n \\ x_{n-1} - x_n & y_{n-1} - y_n & z_{n-1} - z_n \end{vmatrix} = 0. \tag{3.27}$$

Zgodnie z założeniem, że p należy do płaszczyzny (3.27) oraz że $W_i, 1 \leq i \leq n$ również należy do niej mamy spełnienie (3.27) dla $X = x_i, Y = y_i, Z = z_i, i = 1, 2, \ldots, n$ oraz dla $X = p_x, Y = p_y, Z = p_z$.

Warunek przynależności $\vec{K}$ do tej płaszczyzny możemy zapisać

$$\det\begin{vmatrix} K_x & K_y & K_z \\ x_1 - x_n & y_1 - y_n & z_1 - z_n \\ x_{n-1} - x_n & y_{n-1} - y_n & z_{n-1} - z_n \end{vmatrix} = 0 \tag{3.28}$$

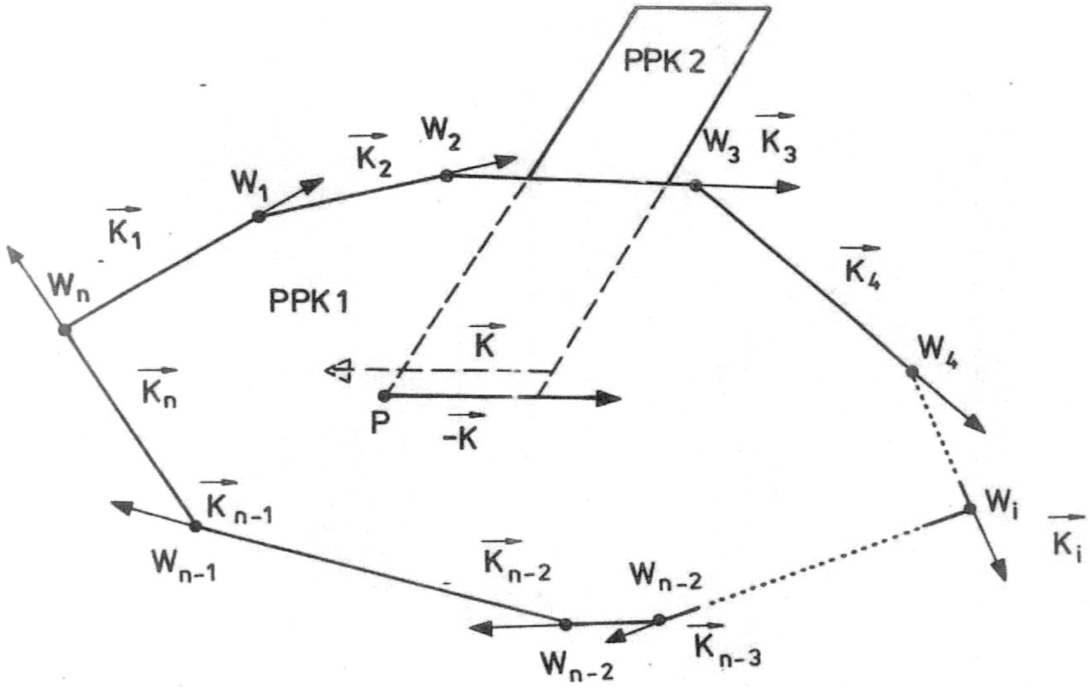

Rys. 11. Przypadek IV. n-kątna PPK (PPK1) z przytwierdzoną do niej drugą PPK (PPK2). Układ sił krawędziowych.

Rozwiązując równania równowagi (zakładając że mamy wyłącznie siły krawędziowe) otrzymujemy:

$$
\begin{aligned}
\overrightarrow{K_1} &= (\lambda - \alpha)\overrightarrow{W_n W_1} = -(\lambda - \alpha)(x_n - x_1, y_n - y_1, z_n - z_1) \\
\overrightarrow{K_2} &= \lambda \overrightarrow{W_1 W_2} = -\lambda(x_1 - x_2, y_1 - y_2, z_1 - z_2) \\
\overrightarrow{K_3} &= \lambda \overrightarrow{W_2 W_3} = -\lambda(x_2 - x_3, y_2 - y_3, z_2 - z_3) \\
&\vdots \\
\overrightarrow{K_i} &= \lambda \overrightarrow{W_{i-1} W_i} = -\lambda(x_{i-1} - x_i, y_{i-1} - y_i, z_{i-1} - z_i) \\
&\vdots \\
\overrightarrow{K_n} &= (\lambda + \beta)\overrightarrow{W_{n-1} W_n} = -(\lambda + \beta)(x_{n-1} - x_n, y_{n-1} - y_n, z_{n-1} - z_n)
\end{aligned}
\tag{3.29}
$$

Dla λ mamy następujące wyrażenie

$$
\lambda = -\frac{(a\beta - b\alpha)}{\beta_2 + \sum\limits_{i=3}^{n-1}(\beta_i(1 + \sum\limits_{j=2}^{i-1}\alpha_j) - \alpha_i(\sum\limits_{j=2}^{i-1}\beta_j))} \tag{3.30}
$$

gdzie

$$
\alpha_i = \frac{\det\begin{vmatrix} x_{i-1} - x_i & x_n - x_{n-1} \\ y_{i-1} - y_i & y_n - y_{n-1} \end{vmatrix}}{\det\begin{vmatrix} x_n - x_1 & x_n - x_{n-1} \\ y_n - y_1 & y_n - y_{n-1} \end{vmatrix}} \tag{3.31}
$$

$$
\beta_i = \frac{\det\begin{vmatrix} x_n - x_1 & x_{i-1} - x_i \\ y_n - y_1 & y_{i-1} - y_i \end{vmatrix}}{\det\begin{vmatrix} x_n - x_1 & x_n - x_{n-1} \\ y_n - y_1 & y_n - y_{n-1} \end{vmatrix}} \tag{3.32}
$$

$$
i = 2, 3, \ldots, n-1
$$

oraz

$$
\alpha = \frac{\det\begin{vmatrix} -K_x & x_n - x_{n-1} \\ -K_y & y_n - y_{n-1} \end{vmatrix}}{\det\begin{vmatrix} x_n - x_1 & x_n - x_{n-1} \\ y_n - y_1 & y_n - y_{n-1} \end{vmatrix}} \tag{3.33}
$$

$$
\beta = \frac{\det\begin{vmatrix} x_n - x_1 & -K_x \\ y_n - y_1 & -K_y \end{vmatrix}}{\det\begin{vmatrix} x_n - x_1 & x_n - x_{n-1} \\ y_n - y_1 & y_n - y_{n-1} \end{vmatrix}} \tag{3.34}
$$

Dla a i b mamy analogiczne wyrażenia

$$a = \frac{\det \begin{vmatrix} p_x - x_n & x_n - x_{n-1} \\ p_y - y_n & y_n - y_{n-1} \end{vmatrix}}{\det \begin{vmatrix} x_n - x_1 & x_n - x_{n-1} \\ y_n - y_1 & y_n - y_{n-1} \end{vmatrix}} \tag{3.35}$$

$$b = \frac{\det \begin{vmatrix} x_n - x_1 & p_x - x_n \\ y_n - y_1 & p_y - y_n \end{vmatrix}}{\det \begin{vmatrix} x_n - x_1 & x_n - x_{n-1} \\ y_n - y_1 & y_n - y_{n-1} \end{vmatrix}} \tag{3.36}$$

Wzory (3.31)÷(3.36) są prawdziwe przy spełnieniu warunku

$$\det \begin{vmatrix} x_n - x_1 & x_n - x_{n-1} \\ y_n - y_1 & y_n - y_{n-1} \end{vmatrix} \neq 0. \tag{3.37}$$

Jeśli warunek (3.37) nie jest spełniony (co może się zdarzyć przy szczególnym doborze współrzędnych) wtedy co najmniej jeden z wyznaczników tj.

$$\det \begin{vmatrix} x_n - x_1 & x_n - x_{n-1} \\ z_n - z_1 & z_n - z_{n-1} \end{vmatrix}$$

lub

$$\det \begin{vmatrix} z_n - z_1 & z_n - z_{n-1} \\ y_n - y_1 & y_n - y_{n-1} \end{vmatrix}$$

jest różny od zera.

W tym przypadku należy zamienić we wzorach (3.32)÷(3.36) x na y, y na z lub x na z (dotyczy to także p i K np. K_x na K_y) zgodnie z postacią niezerowego wyznacznika. Zauważmy jeszcze, że mamy pewien test sprawdzający nasze założenia w przypadku IV, tj.

$$\det \begin{vmatrix} x_{i-1} - x_i & x_n - x_1 & x_n - x_{n-1} \\ y_{i-1} - y_i & y_n - y_1 & y_n - y_{n-1} \\ z_{i-1} - z_i & z_n - z_1 & z_n - z_{n-1} \end{vmatrix} = 0 \tag{3.38}$$

dla $i = 2, 3, \ldots, n$.

Przypadek IV może być wykorzystany także jako przypadek n-kątnej PPK z przyłożoną siłą zewnętrzną $\vec{F}$ w punkcie $r_F = (x_F, y_F, z_F)$, $\vec{F} = (F_x, F_y, F_z)$ (Rys. 11). W tym przypadku wszystkie wzory pozostają takie same podstawiając w miejsce $\vec{K}$, $-\vec{F}$ i w miejsce p, r_F.

Szczególnie ważnym przypadkiem n-kątnej PPK1 z przytwierdzoną do niej PPK2 jest przypadek ściany bocznej (patrz Rys. 8,9,10). Mamy wtedy $n = 6$ (Rys. 12) i dla λ otrzymujemy

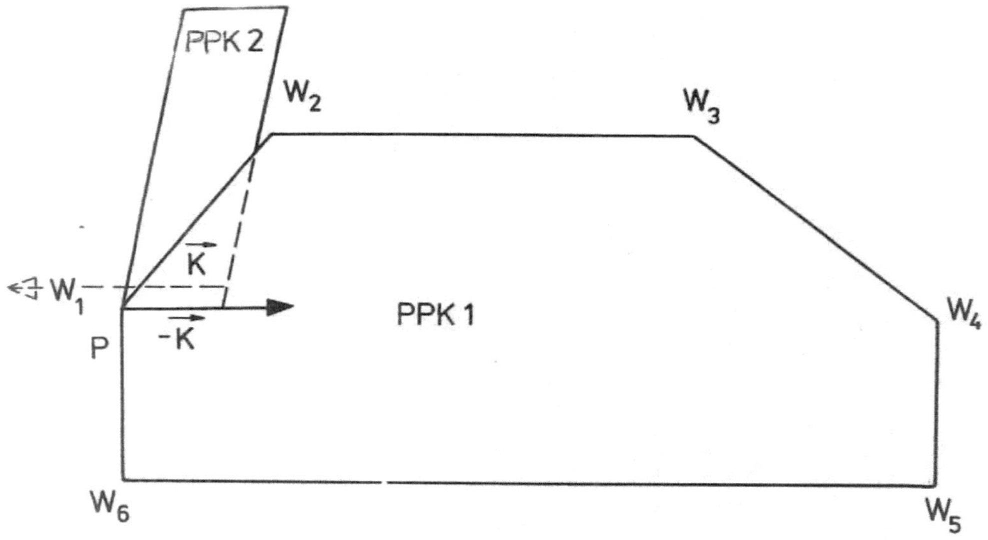

Rys. 12. Sześciokątna PPK (PPK1) z przytwierdzoną do niej inną PPK (PPK2). Model ściany bocznej.

$$\lambda = -\frac{(a\beta - b\alpha)}{\beta_2 + \sum\limits_{i=3}^{5}(\beta_i(1 + \sum\limits_{j=2}^{i-1}\alpha_j) - \alpha_i(\sum\limits_{j=2}^{i-1}\beta_j))}. \tag{3.39}$$

Dla α, β, a, b otrzymujemy takie same wzory wstawiając $n = 6$.

Rozpatrzone tu przypadki I–IV obejmują wszystkie interesujące nas możliwości w modelu PPK kadłuba samochodu. W naszym modelu siły reakcji są traktowane na równi z siłami zewnętrznymi. Spełniony jest tylko warunek więzów między siłami reakcji zawieszenia i obciążeniem zewnętrznym. Te równania więzów to równania równowagi całego kadłuba traktowanego jako pojedyncze ciało sztywne (pojedyncza belka) ([1]). Zatem cała praca polega wyłącznie na znalezieniu czynników (faktorów) λ dla wewnętrznych PPK będących równoległobokami tak, aby łańcuch sił krawędziowych połączył w sposób niesprzeczny PPK z przyłożonymi siłami zewnętrznymi (z nałożonym warunkiem więzów). Inny sposób spojrzenia na ten problem polegałby na rozpoczęciu pracy od PPK z siłami zewnętrznymi i poprzez łańcuch sił krawędziowych dojście do tych PPK, do których przyłożone są siły reakcji zawieszeń. W ten sposób możemy wyznaczyć reakcje zawieszeń i obciążenia zewnętrzne staną się przyczyną sprawczą sił reakcji zawieszeń poprzez łańcuch sił krawędziowych.

Spróbujmy sformalizować tę procedurę. Niech wewnętrzne PPK (te które są równoległobokami lub mają przyłożone do siebie prostopadle inne PPK, tj. przypadki II, III, IV) będą scharakteryzowane przez czynnik $\lambda_i, i = 1, 2, \ldots, N_1$. Korzystając z PPK z siłami zewnętrznymi wyznaczamy je bezpośrednio w przypadku I oraz pośrednio w przypadkach III, IV. W tych ostatnich korzystamy z czynnika λ wewnętrznej PPK (równoległoboku, bez sił zewnętrznych) lub z PPK z siłami zewnętrznymi. W ten sposób siatka (szkielet) aproksymująca obrys nadwozia samochodowego (wraz z dodanymi pomocniczymi PPK tak, aby konstrukcja była poprawna w sensie strukturalnym — patrz praca [1]) może być traktowana jako graf skierowany z wagami (Rys. 13), gdzie rolę wag grają czynniki (faktory) λ wyznaczone na podstawie przypadków I–IV.

Czynniki λ występujące w przypadku II, a także $\lambda - \alpha, \lambda + \beta$ w przypadkach I, III, IV mają naturalną techniczną interpretację. Są to bowiem wytężenia (siły na jednostkę długości) na krawędziach, czyli w miejscu przyspawania lub zgrzania dwóch elementów montażowo-spawalniczych odpowiadających stykającym się PPK. Zatem wartości tych czynników będą bardzo istotne w kształtowaniu następnych (tj. po zerowej) wersji konstrukcji. Między innymi znając dopuszczalne wytężenie na 1 zgrzew lub spaw będzie można powiększyć lub zmniejszyć ich liczbę w danej krawędzi. Po przejściu do bardziej realistycznej konstrukcji tj. zastąpieniu PPK przez rzeczywiste elementy: blachownice, ramownice, elementy ortotropowe oraz krzywopowierzchniowe, ustalenia ilości spawów czy zgrzewów pozostaną prawdziwe, a metoda MES, którą będziemy optymalizować następne tj. 1, 2 czy też 3-cie przybliżenie konstrukcji kadłuba zostanie zastosowana do konstrukcji poprawnej. Przez konstrukcję poprawną rozumiemy tutaj taką, która posiada elementy właściwie pracujące pod względem mechanicznym, czyli przenoszącą obciążenia w sposób właściwy dla konstrukcji cienkościennej bez zbytniego wytężenia na spaw czy zgrzew. Dodatkowo parametry geometryczne (wymiarowe) czy materiałowe możliwe do zmiany będą

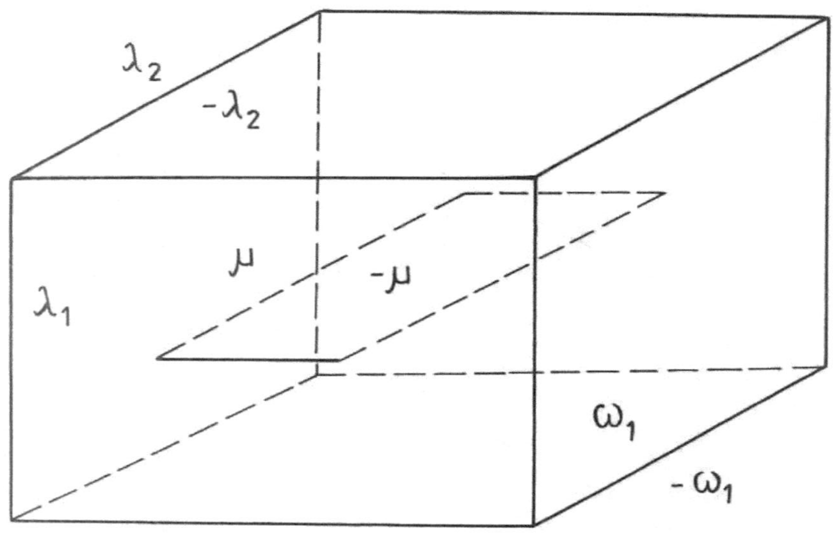

Rys. 13. Układ PPK odpowiadający grafowi skierowanemu z wagami

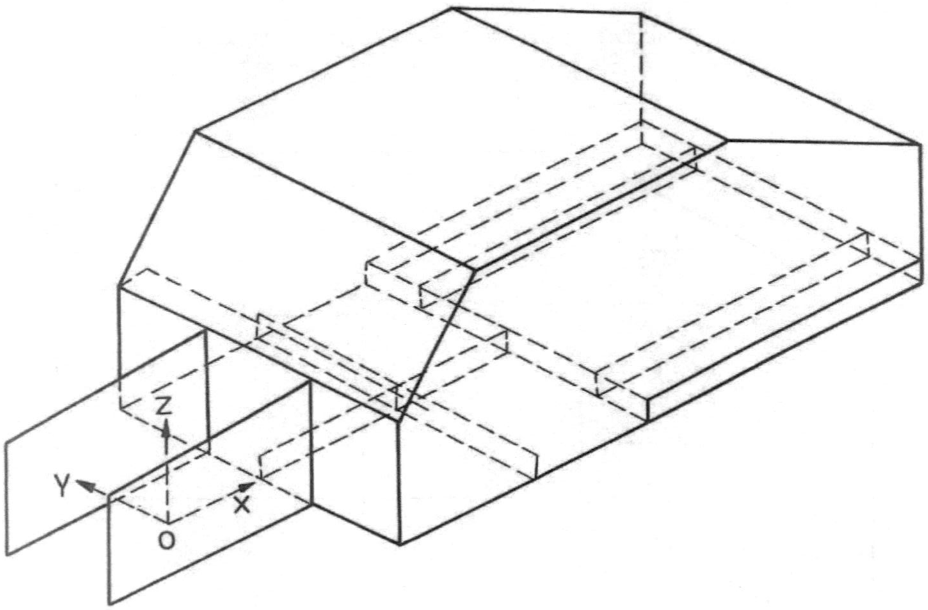

Rys. 14. Uproszczony model nadwozia Polonez-FSO WARSZAWA w przybliżeniu PPK.

mogły być wykorzystane do optymalnego wymodelowania współczynnika C_x (współczynnik kształtu w oporze aerodynamicznym) celem maksymalnego zmniejszenia go oraz do uzyskania efektu estetycznego. Jednocześnie będziemy mogli być pewni, że pozostając przy konstrukcji cienkościennej zachowamy mały ciężar, a co za tym idzie niski koszt kadłuba, a więc i samochodu. Zauważmy jeszcze, że proponowane przez nas podejście z użyciem grafu skierowanego z wagami ma prostą interpretację techniczną. Będzie to graf wytężeń na złączach elementów montażowo-spawalniczych i będzie on dawał w sposób pełny informację o wytężeniach przy danym typie obciążeń kadłuba.

Przedstawiamy teraz szczegóły wyprowadzenia rozwiązania równań równowagi dla sił krawędziowych. W szczególności dla przypadku I. Wszystkie oznaczenia są zgodne z Rys. 7 i z oznaczeniami przyjętymi w tekście. Zgodnie z przyjętymi założeniami wektor $\vec{F}$ leży w płaszczyźnie PPK i wektory $\overrightarrow{W_4W_1}$ i $\overrightarrow{W_4W_3}$ są liniowo niezależne, zatem:

$$\vec{F} = \alpha\overrightarrow{W_4W_1} + \beta\overrightarrow{W_4W_3}. \tag{3.40}$$

Rozpisując na współrzędne mamy

$$\begin{aligned} F_x &= \alpha(x_1 - x_4) + \beta(x_3 - x_4) \\ F_y &= \alpha(y_1 - y_4) + \beta(y_3 - y_4) \\ F_z &= \alpha(z_1 - z_4) + \beta(z_3 - z_4) \end{aligned} \tag{3.41}$$

Jest to układ równań liniowych dla α i β. Wybierając dwa z trzech równań rozwiązujemy je łatwo metodą Cramera i otrzymujemy wzory (3.13), (3.14). Układ ten jest zależny, ale ponieważ $\overrightarrow{W_4W_1}$ i $\overrightarrow{W_4W_3}$ są liniowo niezależne, co najmniej jedna para równań (wybrana z tych trzech) ma rząd równy 2. Podobnie postępujemy w przypadku wektora $\overrightarrow{r_FW_4}$, który również leży w płaszczyźnie PPK.

$$\overrightarrow{r_FW_4} = a\overrightarrow{W_4W_1} + b\overrightarrow{W_4W_3}. \tag{3.42}$$

Rozpisując na współrzędne mamy

$$\begin{aligned} x_F - x_4 &= -a(x_4 - x_1) - b(x_4 - x_3) \\ y_F - y_4 &= -a(y_4 - y_1) - b(y_4 - y_3) \\ z_F - z_4 &= -a(z_4 - z_1) - b(z_4 - z_3) \end{aligned} \tag{3.43}$$

i sposób postępowania jest analogiczny jak poprzednio. W wyniku otrzymujemy wzory (3.15), (3.16).

Teraz zakładamy równowagę sił działających na PPK

$$\overrightarrow{K_1} + \overrightarrow{K_2} + \overrightarrow{K_3} + \overrightarrow{K_4} + \vec{F} = 0 \tag{3.44}$$

Stąd i z warunku czworokąta wektorów otrzymujemy wzory (3.10). Warunek czworokąta oznacza, że czworokątna PPK i cztery wektory sił krawędziowych są jednokładne (tj. chodzi tu o wektory odpowiadających sobie krawędzi i sił krawędziowych).

Czynnik λ wyznaczamy z warunku równowagi momentów

$$\overrightarrow{\mathrm{Mom}}_0(\overrightarrow{K_1}) + \overrightarrow{\mathrm{Mom}}_0(\overrightarrow{K_2}) + \overrightarrow{\mathrm{Mom}}_0(\overrightarrow{K_3}) + \overrightarrow{\mathrm{Mom}}_0(\overrightarrow{K_4}) + \overrightarrow{\mathrm{Mom}}_0(\vec{F}) = 0 \tag{3.45}$$

przy założeniu równowagi sił. W tym wypadku wystarczy obliczyć momenty względem jednego tylko punktu np. W_4. Mamy

$$\begin{aligned}
&\overrightarrow{\mathrm{Mom}}_{W_4}(\overrightarrow{K_1}) = 0\\
&\overrightarrow{\mathrm{Mom}}_{W_4}(\overrightarrow{K_2}) = \overrightarrow{W_4W_1} \times \overrightarrow{K_2}\\
&\overrightarrow{\mathrm{Mom}}_{W_4}(\overrightarrow{K_3}) = (\overrightarrow{W_4W_1} + \overrightarrow{W_1W_2}) \times \overrightarrow{K_3}\\
&\overrightarrow{\mathrm{Mom}}_{W_4}(\overrightarrow{K_4}) = 0
\end{aligned} \tag{3.46}$$

Z drugiej strony

$$\overrightarrow{\mathrm{Mom}}_{W_4}(\vec{F}) = \gamma(\overrightarrow{W_4W_1} \times \overrightarrow{W_4W_3}) \tag{3.47}$$

Wynika to stąd, że

$$\overrightarrow{\mathrm{Mom}}_{W_4}(\vec{F}) = -\begin{vmatrix} \overrightarrow{e_1} & \overrightarrow{e_2} & \overrightarrow{e_3} \\ F_x & F_y & F_z \\ x_F - x_4 & y_F - y_4 & z_F - z_4 \end{vmatrix} = \overrightarrow{r_F W_4} \times \vec{F} \tag{3.48}$$

jest prostopadły do płaszczyzny PPK, a więc współliniowy z wektorem normalnym do niej $\vec{N} = \overrightarrow{W_4W_1} \times \overrightarrow{W_4W_3}$.

Korzystając z rozkładu $\vec{F}$ i $\overrightarrow{r_F W_4}$ na wektory $\overrightarrow{W_4W_1}$ i $\overrightarrow{W_4W_3}$ łatwo wyznaczamy γ zgodnie ze wzorem (3.12). Zauważmy jednak, że wektory $\overrightarrow{W_1W_2}$ i $\overrightarrow{W_2W_3}$ muszą być rozpinane przez wektory $\overrightarrow{W_4W_1}$ i $\overrightarrow{W_4W_3}$ (leżą w płaszczyźnie PPK).

Zatem mamy

$$\begin{aligned}
\overrightarrow{W_1W_2} &= A\overrightarrow{W_4W_1} + B\overrightarrow{W_4W_3}\\
\overrightarrow{W_2W_3} &= C\overrightarrow{W_4W_1} + D\overrightarrow{W_4W_3}
\end{aligned} \tag{3.49}$$

Rozpisując we współrzędnych mamy dwa układy równań liniowych

$$\begin{aligned}
x_1 - x_2 &= -A(x_4 - x_1) - B(x_4 - x_3)\\
y_1 - y_2 &= -A(y_4 - y_1) - B(y_4 - y_3)\\
z_1 - z_2 &= -A(z_4 - z_1) - B(z_4 - z_3)
\end{aligned} \tag{3.50}$$

oraz

$$\begin{aligned}
x_2 - x_3 &= -C(x_4 - x_1) - D(x_4 - x_3)\\
y_2 - y_3 &= -C(y_4 - y_1) - D(y_4 - y_3)\\
z_2 - z_3 &= -C(z_4 - z_1) - D(z_4 - z_3)
\end{aligned} \tag{3.51}$$

Z uwagi na to, że wektory $\overrightarrow{W_4W_1}$ i $\overrightarrow{W_4W_3}$ są liniowo niezależne oraz z tego, że punkty W_1, W_2, W_3, W_4 leżą w jednej płaszczyźnie (płaszczyźnie PPK) oba układy są niesprzeczne i mają rozwiązanie. Formalnie mówiąc, macierze rozszerzone obu układów są osobliwe i mają dokładnie rząd równy 2. Wybierając dwa z każdych trzech równań liniowych tak, aby rząd obu macierzy był równy 2, rozwiązujemy je stosując metodę Cramera. W ten sposób otrzymujemy wzory (3.18)÷(3.21). Korzystając z rozkładu wektorów $\overrightarrow{W_1W_2}$ i $\overrightarrow{W_2W_3}$ na $\overrightarrow{W_4W_1}$ i $\overrightarrow{W_4W_3}$ obliczamy momenty sił $\overrightarrow{K_1}, \overrightarrow{K_2}, \overrightarrow{K_3}, \overrightarrow{K_4}$ względem W_4 w terminach wektora normalnego $\vec{N}$. Wstawiając wszystkie wyniki do równania równowagi momentów otrzymujemy ostateczny wzór (3.11). W ten sposób mamy rozwiązanie (3.10) i (3.11).

Wydaje się, że oprócz rozpatrzonych wyżej przypadków należy rozpatrzyć także inne przypadki PPK w szczególności tych, które są czworokątne i obciążone w inny sposób. W tym celu rozpatrzymy jeszcze raz czworokątną PPK obciążoną siłą $\vec{F} = (F_x, F_y, F_z)$ zaczepioną w punkcie $r_F = (x_F, y_F, z_F)$ taką, że $r_F \in$ płaszczyzny PPK, oraz $\vec{F}$ leży w tej płaszczyźnie. Załóżmy jeszcze, że PPK $W_1W_2W_3W_4$ jest obciążona momentem zewnętrznym $\vec{M} = M(\overrightarrow{W_4W_1} \times \overrightarrow{W_4W_3})$ prostopadłym do jej płaszczyzny (jest to zgodne z kryterium poprawności konstrukcji PPK, Ref.[3]).

W wyniku rozwiązania równań równowagi mamy dla sił krawędziowych (patrz Rys. 15):

$$
\begin{aligned}
\overrightarrow{K_1} &= \lambda_1 \overrightarrow{W_4W_1} = \lambda_1(x_1 - x_4, y_1 - y_4, z_1 - z_4) \\
\overrightarrow{K_2} &= \lambda_2 \overrightarrow{W_1W_2} = \lambda_2(x_2 - x_1, y_2 - y_1, z_2 - z_1) \\
\overrightarrow{K_3} &= \lambda_3 \overrightarrow{W_2W_3} = \lambda_3(x_3 - x_2, y_3 - y_2, z_3 - z_2) \\
\overrightarrow{K_4} &= \lambda_4 \overrightarrow{W_3W_4} = \lambda_4(x_4 - x_3, y_4 - y_3, z_4 - z_3)
\end{aligned}
\tag{3.52}
$$

Tak postawione zadanie dla czworokąta bez żadnych dodatkowych założeń np. symetrii lub warunku czworokąta (jednokładność układu $\overrightarrow{K_1}, \overrightarrow{K_2}, \overrightarrow{K_3}, \overrightarrow{K_4}$ i $\vec{F}$ w stosunku do czworokąta $W_1W_2W_3W_4$) jest statycznie niewyznaczalne i równanie jest sparametryzowane przez dowolny parametr μ, który w pewnych warunkach może ulec specyfikacji.

Mamy zatem:

$$\lambda_1 = \mu \quad - \text{ dowolny parametr} \tag{3.53}$$

$$\lambda_2 = -\left(\frac{\alpha}{A} + \frac{(B\alpha + A\bar{\gamma})}{A(1+A)(AD-CB)}\right) - \frac{\mu}{A}\left(1 + \frac{CB}{A(1+A)(AD-CB)}\right) \tag{3.54}$$

$$\lambda_3 = \frac{(B\alpha - A\bar{\gamma})}{(1+A)(AD-CB)} + \mu\frac{B}{(1+A)(AD-CB)} \tag{3.55}$$

$$\lambda_4 = \beta + \frac{B\alpha - A\gamma + \alpha(1+A)}{A(1+A)} + \frac{\mu}{A}\frac{(A+B+1}{(1+A)} \tag{3.56}$$

gdzie

$$\bar{\gamma} = \gamma + M, \tag{3.57}$$

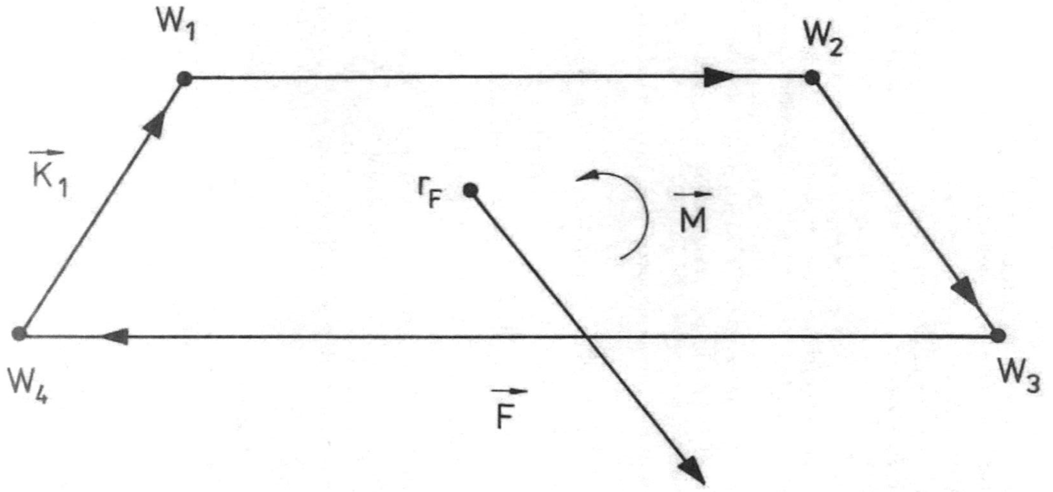

Rys. 15. Czworokątna PPK

a pozostałe parametry $\alpha, \beta, \gamma, A, B, C, D$ są wyznaczone w taki sam sposób, jak [1] ze wszystkimi podanymi tam zastrzeżeniami. Parametr μ jest dowolny i powinien być uzgodniony poprzez reakcje sił krawędziowych z innymi PPK. Zauważmy, że przyjęcie $\mu = \lambda - \alpha$ (λ dane wzorem (3.11)) daje nam przypadek I (oczywiście przy założeniu $M = 0$).

Rozpatrzymy szczegółowiej przypadek ze swobodną krawędzią np. $\overrightarrow{W_1 W_2}$. Wtedy na mocy intuicji inżynierskiej (mechanicznej) mamy $\overrightarrow{K_2} = 0$, a zatem $\lambda_2 = 0$ i wyliczamy parametr μ obliczając $\lambda_1, \lambda_3, \lambda_4$ (patrz Rys. 16).

$$\begin{aligned} \lambda_1 &= \frac{\bar{\gamma} C}{D(1+A) - BC} - \alpha \\ \lambda_3 &= \frac{\bar{\gamma}}{D(1+A) - BC} \\ \lambda_4 &= \frac{\bar{\gamma} C}{D(1+A) - BC} - \beta \end{aligned} \tag{3.58}$$

Interesującym z punktu widzenia zastosowań jest przypadek prostokąta. Wtedy odpowiednie wzory na czynnik λ upraszczają się bardzo i mamy:

$$\begin{aligned} &\lambda_1 \quad - \quad \text{parametr dowolny} \\ &\lambda_1 = \mu \\ &\lambda_2 = \alpha(b-1) - a\beta - M - \mu \\ &\lambda_3 = \mu + \alpha \\ &\lambda_4 = \alpha(b-1) - \beta(a-1) - M - \mu \end{aligned} \tag{3.59}$$

W szczególności mamy:

$$\begin{aligned} A &= D = 0 \\ B &= -C = 1 \end{aligned}$$

Przypadek prostokąta pozwoli nam łatwo zrozumieć znaczenie parametru μ. W tym celu rozpatrzymy dwa podprzypadki tego typu PPK. Pierwszym jest tzw. przypadek zginania (symetrycznego). Mamy w tym przypadku $M = \beta = 0$, oraz $b = 1/2$.

$$\begin{aligned} \lambda_1 &= \mu \\ \lambda_2 &= -(\frac{\alpha}{2} + \mu) \\ \lambda_3 &= \mu + \alpha \\ \lambda_4 &= -(\frac{\alpha}{2} + \mu) \end{aligned} \tag{3.60}$$

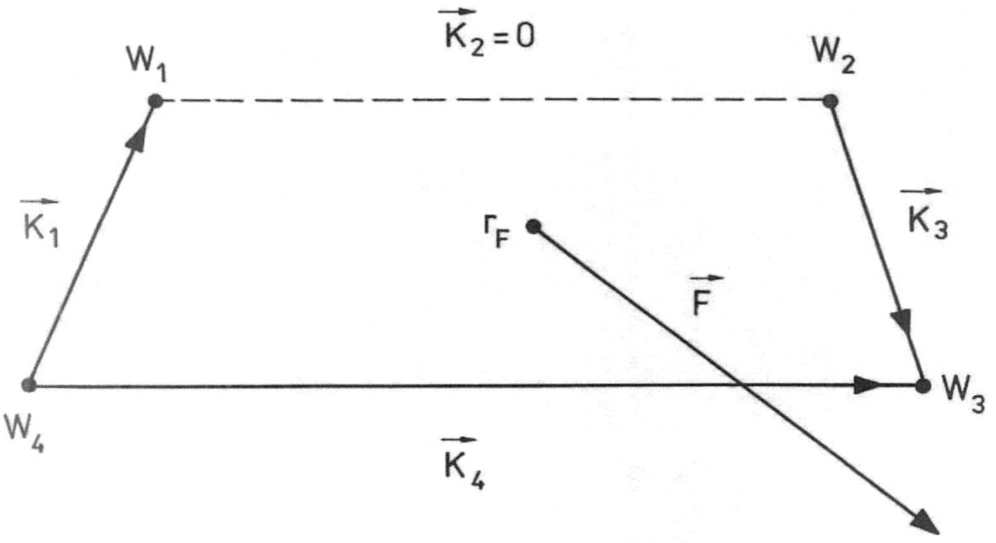

Rys. 16. PPK ze swobodną krawędzią

Wyznaczamy z założenia $\overrightarrow{K_2} = \overrightarrow{K_4} = 0 \Rightarrow \lambda_2 = \lambda_4 = 0$, μ w postaci $\mu = -\alpha/2$. Daje to:

$$\begin{aligned} \lambda_1 &= -\frac{\alpha}{2} \\ \lambda_2 &= 0 \\ \lambda_3 &= \frac{\alpha}{2} \\ \lambda_4 &= 0 \end{aligned} \tag{3.61}$$

czyli zginanie (symetryczne).

Drugi przypadek (dla prostokąta) to tzw. skręcanie otrzymane przy założeniu $\vec{F} = 0$ ($\alpha = \beta = 0$). Daje to nam:

$$\begin{aligned} \lambda_1 &= \mu \\ \lambda_2 &= -(\mu + M) \\ \lambda_3 &= \mu \\ \lambda_4 &= -(\mu + M) \end{aligned} \tag{3.62}$$

a zatem przypadek dwóch par sił. Zakładając $\overrightarrow{K_2} = \overrightarrow{K_4} = 0$ mamy $\mu = -M$, czyli przypadek jednej pary sił.

$$\begin{aligned} \lambda_1 &= -M \\ \lambda_2 &= 0 \\ \lambda_3 &= -M \\ \lambda_4 &= 0 \end{aligned} \tag{3.63}$$

Istotnym przypadkiem wydaje się jeszcze jeden przedstawiony na Rys. 17. Jest to model wysięgnika (wersja I). Mamy tutaj szukane siły $\overrightarrow{F_1}, \overrightarrow{F_2}$ leżące w płaszczyźnie PPK przyłożone do punktów W_4 i W_1 i scharakteryzowane kątami ω_1 i ω_2 (zgodnie z Rys. 17). Rozwiązanie równań równowagi jest w tym wypadku następujące:

$$\overrightarrow{K_1} = \lambda_1 \overrightarrow{W_4W_1} = \lambda_1(x_1 - x_4, y_1 - y_4, z_1 - z_4) \tag{3.64}$$

$$\begin{aligned} \overrightarrow{F_1} = \alpha_1 \overrightarrow{W_4W_1} + \beta_1 \overrightarrow{W_4W_3} &= \alpha_1(x_1 - x_4, y_1 - y_4, z_1 - z_4) + \\ &+ \beta_1(x_3 - x_4, y_3 - y_4, z_3 - z_4) \end{aligned} \tag{3.65}$$

$$\begin{aligned} \overrightarrow{F_2} = \alpha_2 \overrightarrow{W_4W_1} + \beta_2 \overrightarrow{W_4W_3} &= \alpha_2(x_1 - x_4, y_1 - y_4, z_1 - z_4) + \\ &+ \beta_2(x_3 - x_4, y_3 - y_4, z_3 - z_4) \end{aligned} \tag{3.66}$$

gdzie mamy:

$$\begin{aligned} \lambda_1 &= (a\beta - \alpha b)(p_1 - p_2) + p_2\beta - \alpha \\ \alpha_1 &= p_2(\beta(a-1) - \alpha b) \\ \beta_1 &= \alpha b - a\beta = \gamma \\ \beta_2 &= \beta(a-1) - \alpha b \end{aligned} \tag{3.67}$$

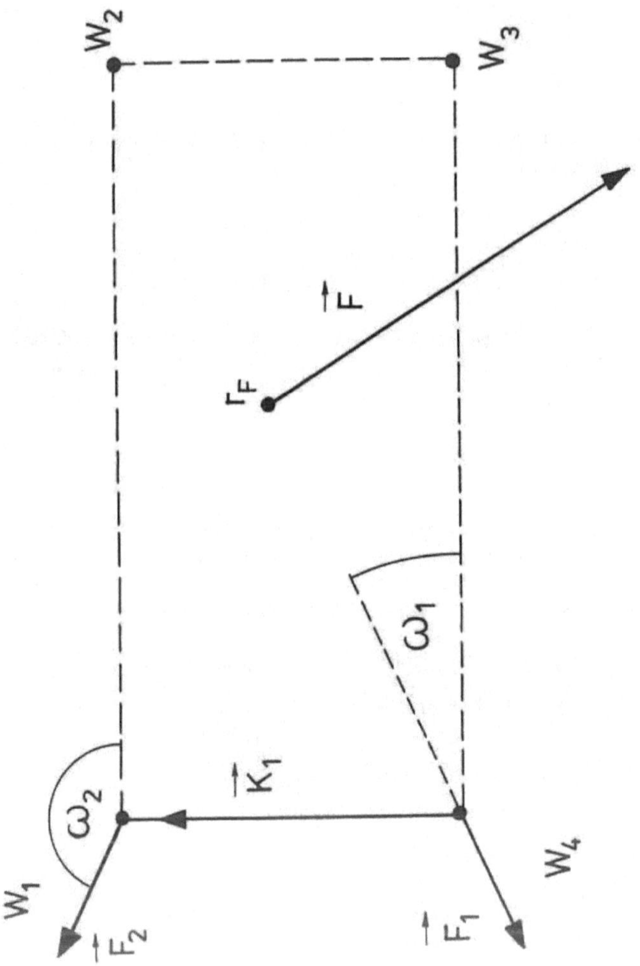

Rys. 17. Model PPK wysięgnika (wersja I)

gdzie α, β, a, b są dane wzorami jak poprzednio, a:

$$p_1 = \mathrm{tg}\omega_1 \frac{|\overrightarrow{W_4W_1}|}{|\overrightarrow{W_4W_3}|} \tag{3.68}$$

$$p_2 = \mathrm{tg}\omega_2 \frac{|\overrightarrow{W_4W_1}|}{|\overrightarrow{W_4W_3}|} \tag{3.69}$$

Szczególnie ważnym przypadkiem jest przypadek dla $\omega_1 = \pi$ i $\omega_2 = 0$. Wtedy mamy $p_1 = p_2 = 0$ i

$$\begin{aligned} \lambda_1 &= -\alpha \\ \alpha_1 &= \alpha_2 = 0 \\ \beta_1 &= \alpha b - a\beta \\ \beta_2 &= \beta(a-1) - \alpha b \end{aligned} \tag{3.70}$$

Przypadek poprzedni jest tak ważny, że rozpatrzymy jeszcze jego pewną modyfikację (patrz Rys. 18). Wszystkie oznaczenia są zgodne z rysunkiem: $W_i = (x_i, y_i, z_i), i = 1,2$. Siły $\vec{F}, \vec{F_1}$ i $\vec{F_2}$ muszą leżeć w płaszczyźnie $W_1W_2r_F, r_F = (x_F, y_F, z_F), \vec{F} = (F_x, F_y, F_z)$, oraz r_F nie leży na prostej o kierunku $\overrightarrow{W_1W_2}$ przechodzącej przez punkt W_1. $\overrightarrow{W_1W_2}$ i $\overrightarrow{W_1r_F}$ są liniowo niezależne. Mamy:

$$\mathrm{Rz}\begin{pmatrix} x_2 - x_1, & y_2 - y_1, & z_2 - z_1 \\ x_F - x_1, & y_F - y_1, & z_F - z_1 \end{pmatrix} = 2 \tag{3.71}$$

oraz

$$\det\begin{vmatrix} X, & Y, & Z \\ x_2 - x_1, & y_2 - y_1, & z_2 - z_1 \\ x_F - x_1, & y_F - y_1 & z_F - z_1 \end{vmatrix} = 0 \tag{3.72}$$

dla $X = F_x, e_{1x}, e_{2x}$

$Y = F_y, e_{1y}, e_{2y}$

$Z = F_z, e_{1z}, e_{2z}$

gdzie $\vec{e_i}, i = 1,2$ są wektorami jednostkowymi w kierunku $\vec{F_i}, i = 1,2$. Przypadek ten odpowiada modelowi wysięgnika w wersji II.

Mamy następujące rozwiązanie równań równowagi dla sił krawędziowych: $\vec{K}, \vec{F_i}, i = 1,2$.

$$\vec{K} = \lambda\overrightarrow{W_1W_2} = \lambda(x_2 - x_1, y_2 - y_1, z_2 - z_1) \tag{3.73}$$

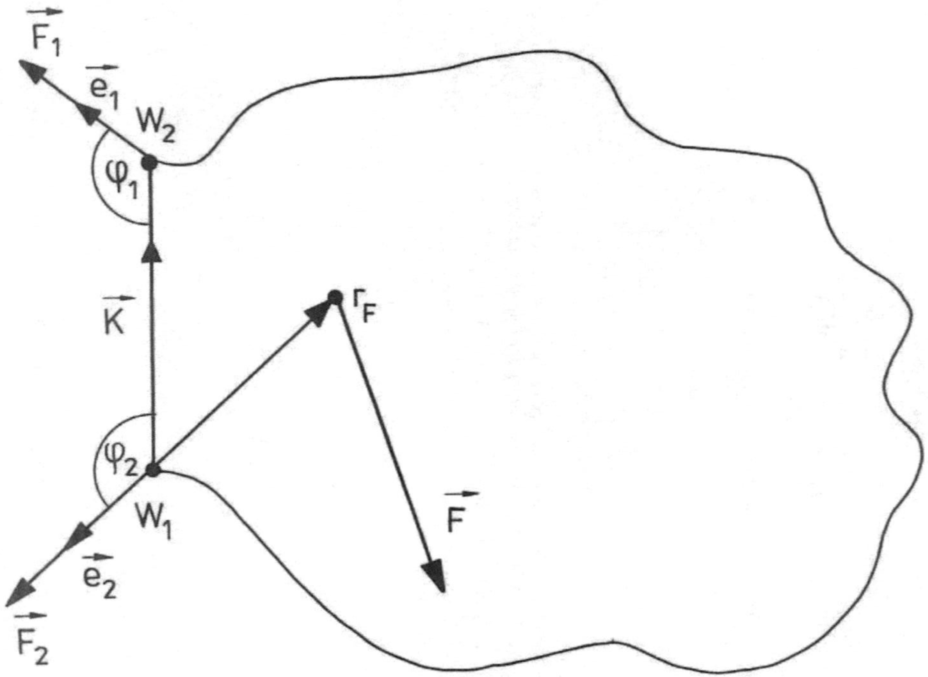

Rys. 18. Model PPK wysięgnika (wersja II)

$$\overrightarrow{F_1} = \frac{M_F}{\bar{a}^2((1+\bar{\alpha}\bar{a}\mathrm{ctg}\varphi_1)\overrightarrow{W_1W_2}+\bar{a}\bar{\beta}\mathrm{ctg}\varphi_1\overrightarrow{W_1r_F})} =$$

$$= \frac{M_F}{\bar{a}^2((1+\bar{\alpha}\bar{a}\mathrm{ctg}\varphi_1)(x_2-x_1)+\bar{a}\bar{\beta}\mathrm{ctg}\varphi_1(x_F-x_1)}, \tag{3.74}$$

$$(1+\bar{\alpha}\bar{a}\mathrm{ctg}\varphi_1)(y_2-y_1)+\bar{a}\bar{\beta}\mathrm{ctg}\varphi_1(y_F-y_1),$$

$$(1+\bar{\alpha}\bar{a}\mathrm{ctg}\varphi_1)(z_2-z_1)+\bar{a}\bar{\beta}\mathrm{ctg}\varphi_1(z_F-y_1)$$

$$\overrightarrow{F_2} = \frac{N_F}{\bar{a}^2((1-\bar{\alpha}\bar{a}\mathrm{ctg}\varphi_2)\overrightarrow{W_1W_2}-\bar{a}\bar{\beta}\mathrm{ctg}\varphi_2\overrightarrow{W_1r_F})} =$$

$$= \frac{N_F}{\bar{a}^2((1-\bar{\alpha}\bar{a}\mathrm{ctg}\varphi_2)(x_2-x_1)-\bar{a}\bar{\beta}\mathrm{ctg}\varphi_2(x_F-x_1)}, \tag{3.75}$$

$$(1-\bar{\alpha}\bar{a}\mathrm{ctg}\varphi_2)(y_2-y_1)-\bar{a}\bar{\beta}\mathrm{ctg}\varphi_2(y_F-y_1),$$

$$(1-\bar{\alpha}\bar{a}\mathrm{ctg}\varphi_2)(z_2-z_1)-\bar{a}\bar{\beta}\mathrm{ctg}\varphi_2(z_F-y_1)$$

gdzie

$$M_F = F_x(x_F-x_1+A(x_2-x_1))+F_y(y_F-y_1+A(y_2-y_1))+ \\ +F_z(z_F-z_1+A(z_2-z_1)) \tag{3.76}$$

$$N_F = F_x(x_F-x_1+(A-1)(x_2-x_1))+F_y(y_F-y_1+(A-1)(y_2-y_1))+ \\ +F_z(z_F-z_1+(A-1)(z_2-z_1)) \tag{3.77}$$

$$\bar{a} = ((x_2-x_1)^2+(y_2-y_1)^2+(z_2-z_1)^2)^{1/2} \tag{3.78}$$

$$A = \frac{\bar{b}^2}{((a^{-2}b^{-2}-[(x_2-x_1)(x_F-x_1)+(y_2-y_1)(y_F-y_1)+(z_2-z_1)(z_F-z_1)]^2))^{1/2}} \tag{3.79}$$

$$\bar{b} = ((x_F-x_1)^2+(y_F-y_1)^2+(z_F-z_1)^2)^{1/2} \tag{3.80}$$

$$\bar{\alpha} = \frac{[(x_2-x_1)(x_F-x_1)+(y_2-y_1)(y_F-y_1)+(z_2-z_1)(z_F-z_1)]}{(\bar{a}^2\bar{b}^2-[(x_2-x_1)(x_F-x_1)+(y_2-y_1)(y_F-y_1)+(z_2-z_1)(z_F-z_1)]^2)^{1/2}} \tag{3.81}$$

$$\bar{\beta} = \frac{\bar{a}^2}{((a^{-2}b^{-2}-[(x_2-x_1)(x_F-x_1)+(y_2-y_1)(y_F-y_1)+(z_2-z_1)(z_F-z_1)]^2))^{1/2}} \tag{3.82}$$

oraz

$$\lambda = \frac{M_F}{a^{-2}(\mathrm{ctg}\varphi_2 - \mathrm{ctg}\varphi_1)} + \frac{(F_x(x_2 - x_1) + F_y(y_2 - y_1) + F_z(z_2 - z_1))}{a^{-2}\mathrm{tg}\varphi_2} +$$
$$-(\frac{\bar{\alpha}}{\bar{a}}(F_x(x_2 - x_1) + F_y(y_2 - y_1) + F_z(z_2 - z_1)) +$$
$$-(\frac{\bar{\beta}}{\bar{a}}(F_x(x_2 - x_1) + F_y(y_2 - y_1) + F_z(z_2 - z_1)) +$$

Na zakończenie rozpatrzmy trójkątną PPK obciążoną siłą zewnętrzną $\vec{F}$ i momentem zewnętrznym $\vec{M} = M(\overrightarrow{W_1W_2} \times \overrightarrow{W_3W_1})$.

Siła $\vec{F}$ leży w płaszczyźnie PPK zaczepiona w punkcie $r_F = (x_F, y_F, z_F)$, $\vec{F} = (F_x, F_y, F_z)$. Moment $\vec{M}$ jest prostopadły do jej płaszczyzny. Oczywiście $W_i = (x_i, y_i, z_i)$, $i = 1, 2, 3$ (patrz Rys. 19). Rozwiązując równania równowagi otrzymujemy następujący układ sił krawędziowych:

$$\begin{aligned} \overrightarrow{K_1} &= \lambda_1 \overrightarrow{W_3W_1} = \lambda_1(x_1 - x_3, y_1 - y_3, z_1 - z_3) \\ \overrightarrow{K_2} &= \lambda_2 \overrightarrow{W_1W_2} = \lambda_2(x_2 - x_1, y_2 - y_1, z_2 - z_1) \\ \overrightarrow{K_3} &= \lambda_3 \overrightarrow{W_2W_3} = \lambda_3(x_3 - x_2, y_3 - y_2, z_3 - z_2) \end{aligned} \tag{3.83}$$

gdzie

$$\begin{aligned} \lambda_1 &= \bar{\bar{\beta}}(\bar{\bar{a}} - 1) - \bar{\bar{\alpha}}(1 + b) - M \\ \lambda_2 &= \bar{\bar{\alpha}}\bar{\bar{b}} - \bar{\bar{a}}\bar{\bar{\beta}} + M \\ \lambda_3 &= \bar{\bar{\beta}}(\bar{\bar{a}} - 1) - \bar{\bar{\alpha}}\bar{\bar{\beta}} + M \end{aligned} \tag{3.84}$$

gdzie $\bar{\bar{\alpha}}, \bar{\bar{\beta}}, \bar{\bar{a}}, \bar{\bar{b}}$ dane są wzorami:

$$\bar{\bar{\alpha}} = \frac{\det\begin{pmatrix} F_x, & x_1 - x_2 \\ F_y, & y_1 - y_2 \end{pmatrix}}{\det\begin{pmatrix} x_3 - x_1, & x_1 - x_2 \\ y_3 - y_1, & y_1 - y_2 \end{pmatrix}} \tag{3.85}$$

$$\bar{\bar{\beta}} = \frac{\det\begin{pmatrix} x_3 - x_1, & F_x \\ y_3 - y_1, & F_y \end{pmatrix}}{\det\begin{pmatrix} x_3 - x_1, & x_1 - x_2 \\ y_3 - y_1, & y_1 - y_2 \end{pmatrix}} \tag{3.86}$$

$$\bar{\bar{a}} = \frac{\det\begin{pmatrix} x_F - x_3, & x_1 - x_2 \\ y_F - y_1, & y_1 - y_2 \end{pmatrix}}{\det\begin{pmatrix} x_3 - x_1, & x_1 - x_2 \\ y_3 - y_1, & y_1 - y_2 \end{pmatrix}} \tag{3.87}$$

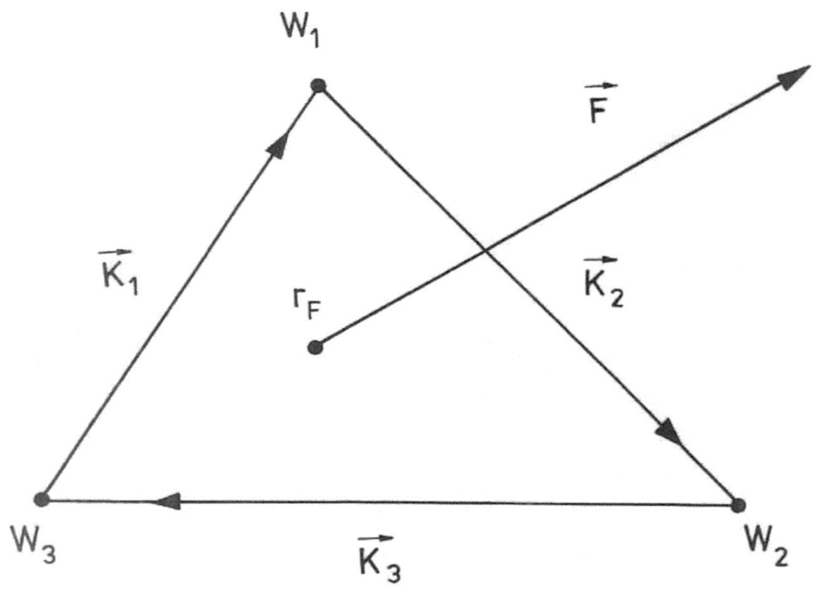

Rys. 19. Trójkątna PPK

$$\bar{\bar{b}} = \frac{\det\begin{pmatrix} x_3 - x_1, & x_F - x_3 \\ y_3 - y_1, & y_F - y_3 \end{pmatrix}}{\det\begin{pmatrix} x_3 - x_1, & x_1 - x_2 \\ y_3 - y_1, & y_1 - y_2 \end{pmatrix}} \tag{3.88}$$

Jeśli wyznacznik $\Delta = \det\begin{pmatrix} x_3 - x_1, & x_1 - x_2 \\ y_3 - y_1, & y_1 - y_2 \end{pmatrix}$ równa się zeru, to należy go zastąpić przez jeden z (niezerowych) wyznaczników:

$$\det\begin{pmatrix} z_3 - z_1, & z_1 - z_2 \\ y_3 - y_1, & y_1 - y_2 \end{pmatrix}$$

lub

$$\det\begin{pmatrix} x_3 - x_1, & x_1 - x_2 \\ z_3 - z_1, & z_1 - z_2 \end{pmatrix}$$

zamieniając we wzorach (3.85)÷(3.88) $x \to z$ lub $y \to z$ (dotyczy to także F np. $F_x \to F_z$).

Zakładamy oczywiście, że

$$\det\begin{pmatrix} F_x, & F_y, & F_z \\ x_3 - x_1, & y_3 - y_1, & z_3 - z_1 \\ x_1 - x_2, & y_1 - y_2 & z_1 - z_2 \end{pmatrix} = 0 \tag{3.89}$$

oraz

$$\det\begin{pmatrix} x_F - x_3, & y_F - y_3, & z_F - z_3 \\ x_3 - x_1, & y_3 - y_1, & z_3 - z_1 \\ x_1 - x_2, & y_1 - y_2 & z_1 - z_2 \end{pmatrix} = 0 \tag{3.90}$$

Mamy również:

$$\mathrm{Rz}\begin{pmatrix} x_1 - x_2, & y_1 - y_2, & z_1 - z_2 \\ x_1 - x_3, & y_1 - y_3, & z_1 - z_3 \end{pmatrix} = 2 \tag{3.91}$$

Warunek (3.89) oznacza, że $\vec{F}$ leży w płaszczyźnie trójkąta PPK, (3.90) że r_F należy do tej płaszczyzny, oraz (3.91) że $\overrightarrow{W_1W_2}$ i $\overrightarrow{W_3W_1}$ są liniowo niezależne.

Przypadek trójkątnej PPK jest więc przypadkiem statycznie całkowicie wyznaczalnym w siłach krawędziowych i w ten sposób wyróżnionym wśród innych wielokątnych PPK. Zauważmy, że ogólny przypadek n-kątnej PPK jest $(n-3)$-niewyznaczalny. Oznacza to, że ogólne rozwiązanie dla sił krawędziowych zawiera $(n-3)$ dowolne parametry np. $\mu_1, \mu_2, \ldots, \mu_{n-3}$. W przypadku czworokąta tylko jeden parametr μ. W ten sposób ściana boczna (sześciokąt) generuje 3 parametry μ_1, μ_2, μ_3 wymagające uzgodnienia poprzez łańcuch sił krawędziowych z innymi PPK. W dalszych pracach będziemy rozwijać ten kierunek. Zauważmy jeszcze, że graf odpowiadający nadwoziu samochodowemu możemy scharakteryzować przy pomocy macierzy połączeń A_{ij} tak, aby element A_{ij} był równy faktorowi λ odpowiadającemu krawędzi $\overrightarrow{W_iW_j}$ lub $\overrightarrow{W_jW_i}$ w stykających się PPK. Musimy mieć zatem:

$$A_{ij} = -A_{ji} \tag{3.92}$$

Pozostają do zbadania przypadki gdy krawędź nie styka się z żadną PPK, wtedy musi oczywiście być:

$$A_{ij} = 0 \tag{3.93}$$

oraz przypadek, gdy krawędź jednej z PPK jest przytwierdzona (np. prostopadle) do drugiej PPK. W tym wypadku możemy uznać, że czynnik $(-\lambda)$ w stosunku do krawędzi $\overrightarrow{W_iW_j}$ pierwszej PPK odpowiada czynnikowi λ generującemu obciążenia zewnętrzne dla drugiej PPK. W tym przypadku siła krawędziowa ze znakiem minus tj. $-\lambda\overrightarrow{W_iW_j}$ działa jako $\vec{F}$ we wszystkich podanych przypadkach wymienionych tutaj. Zatem równania na siły oraz równanie związane z wprowadzeniem siły krawędziowej jednej PPK do drugiej (jedna prostopadła do drugiej) służą do uzgodnienia czynników μ, λ itp. w całym nadwoziu. Zauważmy jeszcze, że macierz połączeń grafu z wagami, rozpatrywanego tutaj, musi być antysymetryczna.

Obliczone w powyższy sposób wytężenia, czyli siły krawędziowe będzie można wizualizować przy pomocy grafiki komputerowej (nieperspektywicznej) w Microtape. W ten sposób uproszczony model Poloneza (patrz Rys. 14) będzie mógł być przedstawiony dla interesujących nas obciążeń zewnętrznych.

Interesującą rzeczą jest rozpatrzenie samej siatki punktów obrysu nadwozia (patrz [3]) w różnego rodzaju układach współrzędnych. Do tej pory zakładaliśmy, że jest ona zadana w kartezjańskim (ortogonalnym) układzie współrzędnych (np. obracając lub dokonując odbić) możemy otrzymać ją w dowolnym położeniu. Jeżeli dopuścimy jeszcze przesunięcia, będziemy mogli otrzymać ją w dowolnym położeniu w przestrzeni 3-wymiarowej. Wydaje się jednak, że układy ukośnokątne mogą być również interesujące wraz z afinicznymi zmianami układu współrzędnych z dopuszczeniem przesunięć.

4. Model ściany bocznej w ujęciu PPK

Celem tego rozdziału jest zbadanie modelu ściany bocznej nadwozia samochodu w modelu PPK (patrz [1-6],[8]). Model ten spełnia kryteria poprawności modelu PPK ([3]). W pracy korzystamy z wprowadzonych zależności w rozdziale 3. Zauważmy, że ściana boczna nadwozia służy najczęściej jako obiekt obliczeń sprawdzających ([1],[2]). Tutaj traktujemy ją jako samoistny element cienkościenny nadwozia poddany obciążeniom zewnętrznym.

Rozpatrzmy model ściany bocznej składającej się z trapezu (dowolnego) i prostokąta, które leżą w dwu dowolnych płaszczyznach (patrz Rys. 20 i Rys. 21). Na ścianę boczną działają siły zewnętrzne $\overrightarrow{F_1}$ i $\overrightarrow{F_2}$ oraz momenty zewnętrzne $\overrightarrow{M_1}$ i $\overrightarrow{M_2}$. $W_i = (x_{ij}, y_{ij}, z_i), i = 1,2,3,4,5,6$, W_1, W_2, W_3, W_4 leżą w płaszczyźnie P_1, W_4, W_3, W_5, W_6 leżą w płaszczyźnie P_2

$$\overrightarrow{M_1} = M_1(\overrightarrow{W_4W_1} \times \overrightarrow{W_3W_2})$$

$$\overrightarrow{M_2} = M_2(\overrightarrow{W_5W_4} \times \overrightarrow{W_5W_6})$$

$\overrightarrow{F_1}$ leży w płaszczyźnie P_1 (płaszczyzna trapezu, PPK1),

$\overrightarrow{F_2}$ leży w płaszczyźnie P_2 (płaszczyzna prostokąta, PPK2),

$r_{F_1} = (x_{F_1}, y_{F_1}, z_{F_1})$ leży w P_1,

$r_{F_2} = (x_{F_2}, y_{F_2}, z_{F_2})$ leży w P_2,

$$\begin{aligned} \overrightarrow{W_4r_{F_1}} &= a_1\overrightarrow{W_4W_1} + b_1\overrightarrow{W_4W_3} \\ \overrightarrow{W_4r_{F_2}} &= a_2\overrightarrow{W_5W_4} + b_2\overrightarrow{W_5W_6} \end{aligned} \tag{4.1}$$

$$\begin{aligned} \overrightarrow{F_1} &= \alpha_1\overrightarrow{W_4W_1} + \beta_1\overrightarrow{W_4W_3} \\ \overrightarrow{F_2} &= \alpha_2\overrightarrow{W_5W_4} + \beta_2\overrightarrow{W_5W_6} \end{aligned} \tag{4.2}$$

Równanie płaszczyzny P_1

$$\det\begin{vmatrix} X - x_4, & Y - y_4, & Z - z_4 \\ x_1 - x_4, & y_1 - y_4, & z_1 - z_4 \\ x_3 - x_4, & y_3 - y_4 & z_3 - z_4 \end{vmatrix} = 0 \tag{4.3}$$

Równanie płaszczyzny P_2

$$\det\begin{vmatrix} X - x_5, & Y - y_5, & Z - z_5 \\ x_4 - x_5, & y_4 - y_5, & z_4 - z_5 \\ x_6 - x_5, & y_6 - y_5 & z_6 - z_5 \end{vmatrix} = 0 \tag{4.4}$$

Mamy spełnione (4.3) dla

$$X = x_1, x_2, x_3, x_4, x_{F_1}$$

$$Y = y_1, y_2, y_3, y_4, y_{F_1}$$

$$Z = z_1, z_2, z_3, z_4, z_{F_1}$$

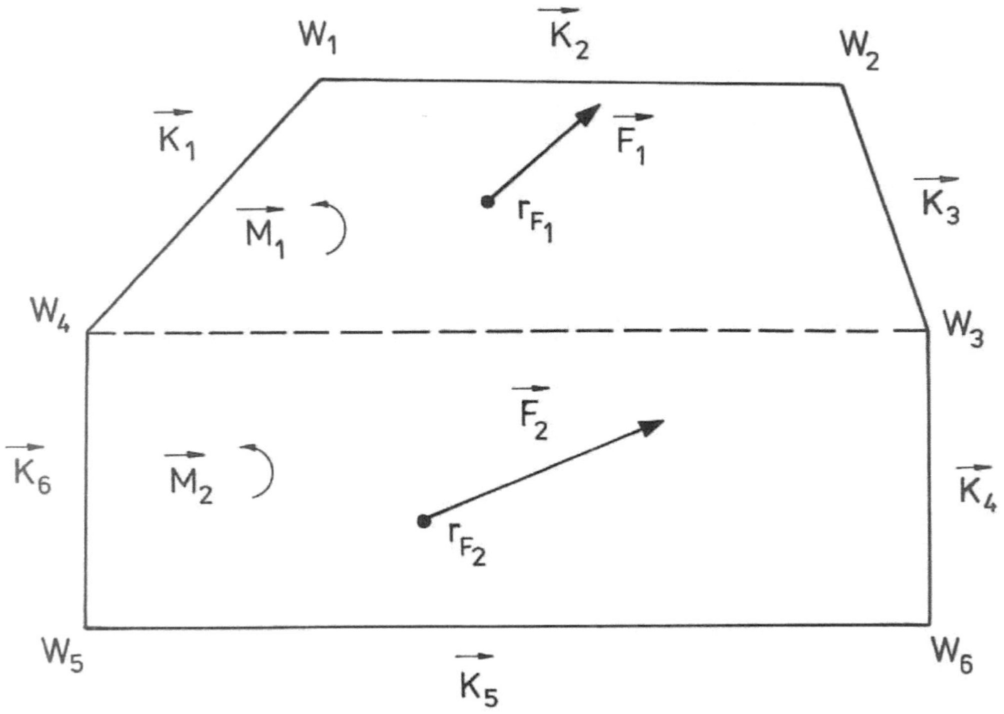

Rys. 20. Model ściany bocznej

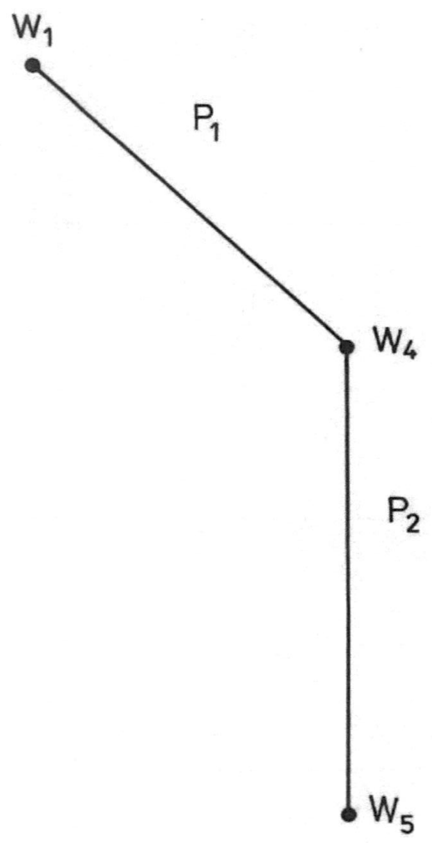

Rys. 21. Dwie płaszczyzny P_1 i P_2 w modelu ściany bocznej

Mamy spełnione (4.4) dla

$$X = x_4, x_3, x_5, x_6, x_{F_2}$$
$$Y = y_4, y_3, y_5, y_6, y_{F_2}$$
$$Z = z_4, z_3, z_5, z_6, z_{F_2}$$

Mamy również spełnione dwa równania

$$\det\begin{vmatrix} F_{x_1}, & F_{y_1}, & F_{z_1} \\ x_1 - x_4, & y_1 - y_4, & z_1 - z_4 \\ x_3 - x_4, & y_3 - y_4 & z_3 - z_4 \end{vmatrix} = 0 \tag{4.5}$$

$$\det\begin{vmatrix} F_{x_2}, & F_{y_2}, & F_{z_2} \\ x_4 - x_5, & y_4 - y_5, & z_4 - z_5 \\ x_6 - x_5, & y_6 - y_5 & z_6 - z_5 \end{vmatrix} = 0 \tag{4.6}$$

Korzystając z wyników z rozdziału 3 otrzymujemy równania dla sił krawędziowych

$$\begin{aligned} \overrightarrow{K_1} &= \lambda_1 \overrightarrow{W_4W_1} = \lambda_1(x_1 - x_4, y_1 - y_4, z_1 - z_4) \\ \overrightarrow{K_2} &= \lambda_2 \overrightarrow{W_1W_2} = \lambda_2(x_2 - x_1, y_2 - y_1, z_2 - z_1) \\ \overrightarrow{K_3} &= \lambda_3 \overrightarrow{W_2W_3} = \lambda_3(x_3 - x_2, y_3 - y_2, z_3 - z_2) \\ \overrightarrow{K_4} &= \lambda_4 \overrightarrow{W_3W_6} = \lambda_4(x_6 - x_3, y_6 - y_3, z_6 - z_3) \\ \overrightarrow{K_5} &= \lambda_5 \overrightarrow{W_6W_5} = \lambda_5(x_5 - x_6, y_5 - y_6, z_5 - z_6) \\ \overrightarrow{K_6} &= \lambda_6 \overrightarrow{W_5W_4} = \lambda_6(x_4 - x_5, y_4 - y_5, z_4 - z_5) \end{aligned} \tag{4.7}$$

$$\lambda_1 = \mu - \text{ parametr dowolny}$$

$$\lambda_2 = -\Big(\frac{\alpha_1}{A} + \frac{(CB\alpha_1 + A\gamma_1)}{A(1+A)(AD-CB)}\Big) - \frac{\mu}{A}\Big(1 + \frac{CB}{A(1+A)(AD-CB)}\Big) \tag{4.8}$$

$$\lambda_3 = \frac{B\alpha_1 - A\gamma_1}{(1+A)(AD-CB)} + \mu\frac{B}{(1+A)(AD-CB)} \tag{4.9}$$

$$\lambda_4 = \alpha_2 b_2 - a_2\beta_2 - M_2 + \beta_1 + \frac{B\alpha_1 - A\gamma_1 + \alpha_1(1+A)}{A(1+A)} + \frac{\mu}{A}\frac{(A+B+1)}{(1+A)} \tag{4.10}$$

$$\lambda_5 = \beta_2 - \beta_1 + \frac{B\alpha_1 - A\gamma_1 + \alpha_1(1+A)}{A(1+A)} + \frac{\mu}{A}\frac{(A+B+1)}{(1+A)} \tag{4.11}$$

$$\lambda_6 = \alpha_2(b_2 - 1) - a_2\beta_2 - M_2 + \beta_1 + \frac{B\alpha_1 - A\gamma_1 + \alpha_1(1+A)}{A(1+A)} + \frac{\mu}{A}\frac{(A+B+1)}{(1+A)} \tag{4.12}$$

gdzie

$$\gamma_1 = (M_1 + a_1\beta_1 - b_1\alpha_1) \tag{4.13}$$

$$A = \det \frac{\begin{pmatrix} x_2 - x_1, & x_3 - x_4 \\ y_2 - y_1, & y_3 - y_4 \end{pmatrix}}{\Delta} \tag{4.14}$$

$$B = \det \frac{\begin{pmatrix} x_1 - x_4, & x_2 - x_1 \\ y_1 - y_4, & y_3 - y_4 \end{pmatrix}}{\Delta} \tag{4.15}$$

$$C = \det \frac{\begin{pmatrix} x_3 - x_2, & x_3 - x_4 \\ y_3 - y_2, & y_3 - y_4 \end{pmatrix}}{\Delta} \tag{4.16}$$

$$D = \det \frac{\begin{pmatrix} x_1 - x_4, & x_3 - x_2 \\ y_1 - y_4, & y_3 - y_2 \end{pmatrix}}{\Delta} \tag{4.17}$$

$$\Delta = \det \begin{pmatrix} x_1 - x_4, & x_3 - x_4 \\ y_1 - y_4, & y_3 - y_4 \end{pmatrix} \tag{4.18}$$

$$\alpha_1 = \det \frac{\begin{pmatrix} F_{x_1}, & x_3 - x_4 \\ F_{y_1}, & y_3 - y_4 \end{pmatrix}}{\Delta} \tag{4.19}$$

$$\beta_1 = \det \frac{\begin{pmatrix} x_1 - x_4, & F_{x_1} \\ y_1 - y_4, & F_{y_1} \end{pmatrix}}{\Delta} \tag{4.20}$$

$$a_1 = \frac{1}{\Delta} \det \begin{pmatrix} x_{F_1} - x_4, & x_3 - x_4 \\ y_{F_1} - y_4, & y_3 - y_4 \end{pmatrix} \tag{4.21}$$

$$b_1 = \frac{1}{\Delta} \det \begin{pmatrix} x_1 - x_4, & x_{F_1} - x_4 \\ y_1 - y_4, & y_{F_1} - y_4 \end{pmatrix} \tag{4.22}$$

$$a_2 = \det \frac{\begin{pmatrix} F_{x_2}, & x_6 - x_5 \\ F_{y_2}, & y_6 - y_5 \end{pmatrix}}{\tilde{\Delta}} \tag{4.23}$$

$$b_2 = \frac{1}{\tilde{\Delta}} \det \begin{pmatrix} x_4 - x_5, & F_{x_2} \\ y_1 - y_4, & F_{y_2} \end{pmatrix} \tag{4.24}$$

$$\tilde{\Delta} = \det \begin{pmatrix} x_4 - x_5, & x_6 - x_5 \\ y_4 - y_5, & y_6 - y_5 \end{pmatrix} \tag{4.25}$$

Gdy $\tilde{\Delta} = 0$ lub $\Delta = 0$, należy zmienić x na y, y na z lub x na z i znaleźć niezerowy wyznacznik. Po znalezieniu niezerowego Δ lub $\tilde{\Delta}$ należy zmienić w taki sam sposób współrzędne w pozostałych wzorach.

Mamy następujące dodatkowe założenia

$$\begin{aligned} \mathrm{Rz} \begin{pmatrix} x_1 - x_4, & y_1 - y_4, & z_1 - z_4 \\ x_3 - x_4, & y_3 - y_4, & z_3 - z_4 \end{pmatrix} &= 2 \\ \mathrm{Rz} \begin{pmatrix} x_4 - x_5, & y_4 - y_5, & z_4 - z_5 \\ x_6 - x_5, & y_6 - y_5, & z_6 - z_5 \end{pmatrix} &= 2 \end{aligned} \tag{4.26}$$

Zauważmy, że rozpatrywany tu model ściany bocznej daje tylko jeden dowolny parametr.

Przy wyprowadzaniu powyższych wzorów wykorzystujemy warunki równowagi (wraz z rozwiązaniami) dla dwóch PPK, czworokątnej i prostokątnej z rozdziału 3 oraz warunek reakcji sił krawędziowych na granicy PPK1 i PPK2. Siły krawędziowe otrzymane w ten sposób wejdą do równań równowagi całego nadwozia. W tym wypadku ściana boczna będzie traktowana jako jednorodna sześciokątna PPK i całe rozumowanie przedstawione w rozdziale 3 pozostanie w mocy. W rozdziale 3 przedstawiono inny model ściany bocznej nie posiadającej swobody jednego parametru. Przypomnijmy, że w ogólnym przypadku 6-ciokątna PPK może posiadać 3 dowolne parametry w rozwiązaniu dla sił krawędziowych.

5. Obliczenia metodą PPK

Celem tego rozdziału jest opisanie programów cyfrowych pozwalających na wykonanie obliczeń sił krawędziowych i wytężeń metodą PPK zgodnie z metodyką podaną w pracach [1–6] dla modeli z płaską ścianą boczną przy obciążeniu siłami pionowymi (patrz także rozdziały 2–4). Ponadto zakłada się, że obciążenie powoduje symetryczne zginanie konstrukcji bądź jej symetryczne skręcania. Zakładamy spełnienie kryteriów z pracy [3] (patrz także rozdział 2).

W punkcie 1 zamieszczono opis programu PPK w sensie instrukcji użykownika.

W punkcie 2 zamieszczono wyniki obliczeń sił krawędziowych i wytężeń dla samochodu Polonez. Do obliczeń przyjęto model PPK nadwozia samochodu (patrz Rys. 14).

Teoria PPK przedstawiona w pracach [1,2,3] oraz w rozdziałach 2, 3, 4 jest dużo ogólniejsza niż przedstawione tu programy. Przede wszystkim zakłada się, że wszystkie rozpatrywane tu PPK są prostokątami. Jest to daleko idące uproszczenie. Z drugiej strony, występują tu pewne różnice terminologiczne oraz związane z konstrukcją programu rozdrobnienie istniejących typów PPK z rozdziału 3. Wyjaśnimy to pokrótce. PPK wewnętrzną tj. otoczoną ze wszystkich stron innymi PPK i bez obciążenia nazywa się tu czystą PPK. Dokonuje się rozróżnienia między poziomymi i pionowymi PPK, tj. półki i poprzeczki. Wysięgnik jest nazywany dźwigarem, ściana boczna służy tu tylko do obliczeń sprawdzających. Przyjmujemy także uproszczone położenie układu współrzędnych. W ogólnym przypadku wzory z rozdziału 3 są niezależne od położenia układu współrzędnych i jego orientacji względem kadłuba samochodu.

W pracy występuje jeszcze jeden typ PPK, tzw. fikcyjna PPK lub element wiążący. Element ten nie bierze udziału w bilansie sił krawędziowych kadłuba. Można oczywiście próbować rozszerzyć ten pakiet programów. Naturalnym kierunkiem rozwojowym jest napisanie programów w dowolnym układzie współrzędnych kartezjańskich lub ukośnokątnych dla dowolnych wielokątnych PPK. Po rozwiązaniu sygnalizowanych problemów teoretycznych związanych z reprezentacją sił krawędziowych w języku grafu wytężeń (por. [5,6]) będzie można przedstawić pakiet programów przy pomocy algorytmów związanych z grafami. Będzie to rozwijane w następnych pracach.

1. OPIS PROGRAMU PPK

Program PPK jest próbą automatyzacji obliczeń (przy pomocy mikrokomputera) sił krawędziowych modelu nadwozia samochodu opisanego prostymi powierzchniami konstrukcyjnymi. Pozwala on na:

- automatyczne generowanie siatki punktów obrysu nadwozia,
- wizualizację struktury nadwozia opisanego prostymi powierzchniami konstrukcyjnymi,
- wykonanie obliczeń sił krawędziowych i wytężeń krawędziowych materiału,
- wizualizację wyników obliczeń.

Spełnia zatem postulaty wypisane we Wstępie.

Główne menu programu udostępnia szereg opcji umożliwiających wykonanie pełnego cyklu obliczeń. Są to następujące opcje:

- **INI** — nadanie nazwy zadaniu,
- **Kon** — wykonanie konwersji zbioru danych wygenerowanych przy pomocy programu mTAB do postaci wykorzystywanej przez program PPK,
- **EDT** — przeprowadzenie edycji nowego zbioru danych lub aktualizacji istniejącego zbioru danych,
- **Spr** — sprawdzenie poprawności zbioru danych,
- **GRF** — wizualizacja zbioru danych lub wyników obliczeń,
- **PPK** — wykonanie obliczeń sił krawędziowych metodą PPK,
- **Dir** — zmiana bieżącej kartoteki,
- **Quit** — zakończenie zadania.

Wszystkie zbiory niezbędne do działania programu PPK muszą znajdować się w kartotece, z której program ten jest uruchamiany. Uwaga ta nie dotyczy zbioru danych ewentualnie zbioru wyników obliczeń. Uruchomienie programu odbywa się przez wydanie z poziomu DOSa komendy PPK. Wybór opcji odbywa się przez naciśnięcie klawisza odpowiadającego pierwszej literze nazwy opcji lub przez najechanie markerem na daną opcję i wciśnięcie klawisza [ENTER].

Poniżej podano szczegółowy opis dostępnych opcji. Opis zbioru danych oraz elementów PPK wykorzystywanych w obliczeniach zamieszczono przy opisie opcji EDT.

<u>Opcja INI</u>

Opcja ta służy do nadania oryginalnej nazwy wykonywanemu zadaniu. Z nazwą zadania związany jest zbiór danych, który automatycznie otrzymuje rozszerzenie .DAT oraz zbiór wyników obliczeń (o rozszerzeniu .RES). Opcja ta musi być niezbędnie wykonana jako pierwsza po uruchomieniu zadania. Po wyborze tej opcji na ekranie listowane są nazwy wszystkich zbiorów z rozszerzeniem .DAT oraz .RES znajdujących się w bieżącej kartotece. Nie zaleca się jednak, aby zbiory danych przechowywać w tej samej kartotece co pakiet programów PPK. Do wyboru kartoteki dla danych i wyników służy opcja Dir. Po uruchomieniu programu kartoteką dla danych jest ta sama kartoteka, w której znajduje się pakiet PPK. W każdej chwili (bez potrzeby przerwania programu) można zmienić nazwę zadania i przystąpić do analizy innych danych lub wyników.

Opcja Kon

Opcja ta służy do konwersji zbioru danych wygenerowanych za pomocą programu mTAB (rozdział 6) do postaci wykorzystywanej przez program PPK. Konwersji podlega zbiór danych o nazwie zgodnej z nazwą zadania i rozszerzeniu .RST. Nowy zbiór otrzymuje rozszerzenie .DAT. Na ekranie listowane są nazwy wszystkich zbiorów z rozszerzeniem .RST oraz .DAT znajdujących się w kartotece przeznaczonej na dane i wyniki. Po przeprowadzeniu konwersji zbiór z rozszerzeniem .DAT może być bezpośrednio wykorzystywany przez opcję PPK. Zaleca się jednak wcześniejsze sprawdzenie poprawności tego zbioru (opcja Spr) oraz obejrzenie na ekranie analizowanego modelu nadwozia (opcja GRF).

Opcja EDT

Opcja ta służy do edycji i ewentualnych poprawek zbioru danych dla programu PPK. Przy pomocy tej opcji można również poprawiać (uzupełniać) zbiory danych otrzymanych przy użyciu programu mTAB. Edycji poddawany jest zbiór o nazwie zgodnej z nazwą zadania i rozszerzeniu .DAT. Opcja EDT wykorzystuje powszechnie stosowany edytor ekranowy Norton Editor ver. 1.2.

Poniżej opisano postać zbioru danych dla programu PPK, opisano elementy wykorzystywane w tym programie. Podano dodatkowe informacje związane z przygotowaniem danych.

Postać zbioru danych

Opisujemy tutaj typy rekordów (i ich zawartość) wchodzących w skład zbioru danych dla programu PPK. Rekordy muszą występować według rosnących numerów typów.

Uwaga: Separatorem danych w rekordzie jest jedna lub więcej spacji. Uwaga ta nie dotyczy danych łańcuchowych ujętych w znaki " ".

typ 1: Title, nNodes, nPPK

Title — jest słownym opisem modelu zawierającym maksimum 60 znaków ujętych w " ",

nNodes — jest liczbą węzłów modelu; maksymalna liczba węzłów nie może przekraczać liczby 400,

nPPK — jest liczbą prostych powierzchni konstrukcyjnych modelu nadwozia; maksymalna liczba PPK nie może przekraczać liczby 100,

w zbiorze .DAT musi wystąpić jeden i tylko jeden rekord typu 1,

typ 2: idNode$

idNode$ = "NODES" jest identyfikatorem początku danych węzłowych,

w zbiorze *.DAT musi wystąpić jeden i tylko jeden rekord typu 2,

typ 3: nrNode, x,y,z

nrNode — numer węzła modelu PPK; numery te muszą przyjmować rosnące wartości w kolejnych rekordach typu 3; maksymalna wartość nrNode musi być równa wartości nNodes,

x — współrzędna węzła w kierunku osi OX,

y — współrzędna węzła w kierunku osi OY,

z — współrzędna węzła w kierunku osi OZ,

w zbiorze .DAT musi wystąpić nNodes rekordów typu 3,

typ 4: idElem$

idElem$ = "ELEMS" jest identyfikatorem początku danych o elementach PPK,

w zbiorze .DAT musi wystąpić jeden i tylko jeden rekord typu 4,

typ 5: nrPPK, typePPK, N1, N2, N3, N4

nr PPK — numer PPK; numery te muszą przyjmować rosnące wartości w kolejnych rekordach typu 5; maksymalna wartość nrPPK musi być równa wartości nPPK,

typePPK — numer typu elementu PPK,

N1 — numer pierwszego węzła opisującego prostą powierzchnię konstrukcyjną o numerze nrPPK,

N2 — numer drugiego węzła opisującego PPK o numerze nrPPK,

N3 — numer trzeciego węzła opisującego PPK o numerze nrPPK,

N4 — numer czwartego węzła opisującego PPK o numerze nrPPK,

w zbiorze *.DAT musi wystąpić nPPK rekordów typu 5;

kolejne numery węzłów muszą dotyczyć węzłów sąsiadujących ze sobą,

typ 6: idLode$

idLode$ = "LODES" jest identyfikatorem początku danych o obciążeniach PPK,

w zbiorze *.DAT musi wystąpić jeden i tylko jeden rekord typu 6,

typ 7: nrPPK, F_x, F_y, F_z,Nf,Ne1,Ne2,nePPK,ne1PPK,ne2PPK

nrPPK — numer PPK, na którą działa siła zewnętrzna F_z,

$F_x = 0$,

$F_y = 0$,

F_z — wartość zewnętrznej siły skupionej obciążającej daną PPK,

Nf — numer węzła, w którym przyłożone jest obciążenie F_z,

Ne1,Ne2 — numery węzłów opisujących krawędź, wzdłuż której działa pionowa reakcja dźwigara,

nePPK — numer PPK, w której leży pionowa reakcja dźwigara;

ne1PPK — numer PPK, której przekazywana jest pozioma reakcja dźwigara w węźle Ne1, ne2PPK — nuner PPK, której przekazywana jest pozioma reakcja dźwigara w węźle Ne2,

w zbiorze *.DAT może wystąpić dowolna liczba rekordów typu 7;

ten typ rekordu należy stosować wyłącznie dla PPK typu 1,

typ 8: nrPPK, F_x, F_y, F_z,Nf,Ni1,Ni2,niPPK,Nj1,Nj2,njPPK

nrPPK — numer PPK, na którą działa siła zewnętrzna F_z,

$F_x = 0$,

$F_y = 0$,

F_z — wartość zewnętrznej siły skupionej obciążającej daną PPK,

Nf — numer węzła, w którym przyłożone jest obciążenie F_z,

Ni1,Ni2 — numery węzłów opisujących krawędź, wzdłuż której działa i-ta reakcja,

niPPK — numer PPK, w której leży i-ta reakcja; niPPK należy nadać wartość 0, gdy PPK jest ścianą boczną,

Nj1, Nj2 — numery węzłów opisujących krawędź, wzdłuż której działa j-ta reakcja,

njPPK — numer PPK, w której leży j-ta reakcja; njPPK należy nadać wartość 0, gdy PPK jest ścianą boczną,

w zbiorze *.DAT może wystąpić dowolna liczba rekordów typu 8;

ten typ rekordu należy stosować wyłącznie dla PPK typu 2,

typ 9: nrPPK, F_x, F_y, F_z,Nf

nrPPK — numer PPK, na którą działa siła zewnętrzna F_z,

$F_x = 0$,

$F_y = 0$,

F_z — wartość zewnętrznej siły skupionej obciążającej daną PPK,

Nf — numer węzła, w którym przyłożone jest obciążenie F_z,

w zbiorze *.DAT może wystąpić dowolna liczba rekordów typu 9;

ten typ rekordu należy stosować wyłącznie dla PPK typu 4,

typ 10: idEnd$

idEnd$ = "END" jest identyfikatorem końca danych dla programu PPK.

Typy PPK

Na Rys. 22 przedstawiono elementy PPK, które mogą być wykorzystywane przez opisywany program. Wszystkie dostępne w tym programie proste powierzchnie konstrukcyjne zostały podzielone na sześć grup (typów). Podstawy teoretyczne wyznaczania sił krawędziowych w tych elementach zostały podane w rozdziale 3. Należy zwrócić uwagę na fakt, że elementy te nie obejmują wszystkich rodzajów PPK (i ich obciążeń) omawianych wcześniej. W ten sposób istnieje możliwość rozwinięcia przedstawionych tu programów.

Poniżej podano szczegółowy opis poszczególnych typów PPK. Liniami przerywanymi zaznaczono te krawędzie, w których nie występują siły krawędziowe.

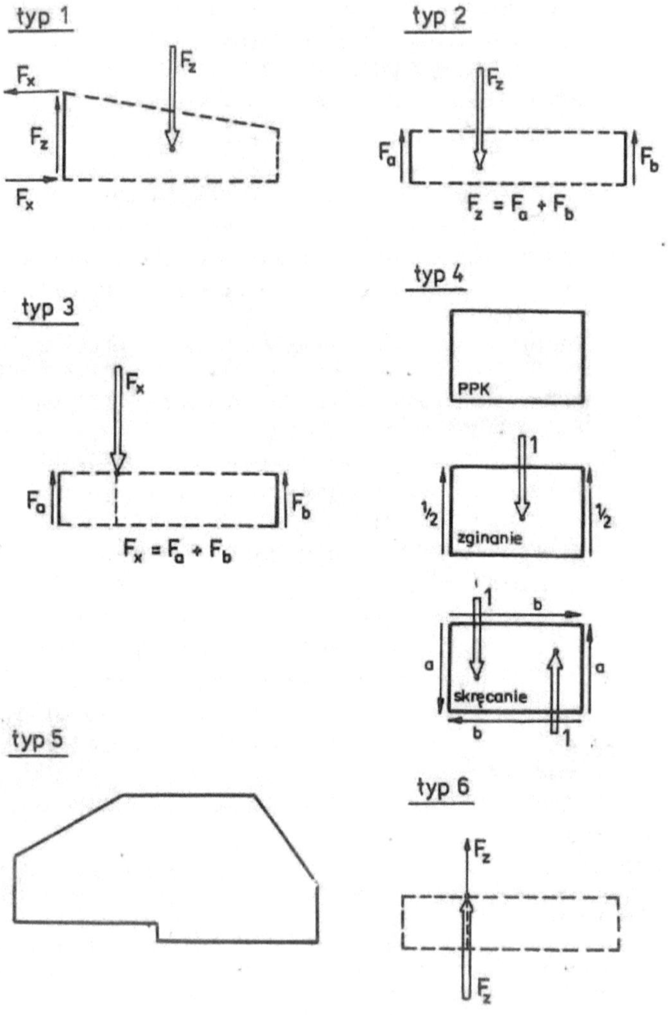

Rys. 22. Typy PPK

Uwaga: Należy pamiętać, że:

1. wszystkie węzły danej PPK muszą leżeć w jednej płaszczyźnie,
2. siła obciążenia zewnętrznego działająca na daną PPK musi leżeć w jej płaszczyźnie.

Element typu 1 — dźwigar (wysięgnik)

Element ten musi być połączony jedną pionową krawędzią z PPK typu 4 i może być obciążony siłami pionowymi. Reakcje poziome może przekazywać jedynie prostym powierzchniom konstrukcyjnym typu 3 lub 4. Element ten musi być równoległy do wzdłużnej pionowej płaszczyzny symetrii samochodu.

Element typu 2 — poprzeczka

Element ten może leżeć jedynie w płaszczyźnie pionowej, może być obciążony siłami pionowymi; dwiema krawędziami musi stykać się z prostymi powierzchniami konstrukcyjnymi typu 4,5 lub 6.

Element typu 3 — półka

Element ten musi leżeć w płaszczyźnie poziomej i dwiema krawędziami stykać się z PPK typu 5 (ściana boczna); może przenosić siły poziome pochodzące np. od dźwigara.

Element typu 4 — powierzchnia konstrukcyjna (czysta PPK)

Element ten musi być prostopadły do wzdłużnej pionowej płaszczyzny symetrii samochodu i dwiema krawędziami stykać się ze ścianą boczną; może być obciążony siłami krawędziowymi pochodzącymi od poprzeczek, dźwigarów lub innymi pionowymi siłami zewnętrznymi.

Element typu 5 — ściana boczna

Element ten musi być równoległy do wzdłużnej pionowej płaszczyzny symetrii samochodu i wszystkimi swymi krawędziami stykać się z prostymi powierzchniami konstrukcyjnymi typu 4; może przenosić obciążenia pochodzące od poprzeczek, półek i elementów typu 4.

Element typu 6 — element wiążący (fikcyjna PPK)

Element ten może być dowolnie ustawiony w przestrzeni i służy do przekazywania obciążeń z jednej PPK na drugą powierzchnię konstrukcyjną; element ten nie jest uwzględniany przy obliczaniu sił krawędziowych.

Należy zauważyć, że wszystkie elementy PPK oprócz dźwigarów i ścian bocznych muszą być prostokątami.

Uwagi o przygotowywaniu danych dla programu PPK

Poniżej podano szereg uwag związanych z posługiwaniem się programem PPK, a w szczególności dotyczących przygotowywania danych. Należy zwrócić uwagę na zakres stosowalności tego programu w porównaniu do szerszego opisu PPK zamieszczonych w pracach [1–6] i w rozdziale 3. Ilustracją dla tych uwag może być model PPK dla samochodu Polonez zamieszczony w punkcie 3.

Uwaga 1. Układ współrzędnych.

Model nadwozia opisywany jest w prostokątnym układzie współrzędnych XYZ. Płaszczyzna OXZ musi pokrywać się ze wzdłużną, pionową płaszczyzną symetrii samochodu.

Uwaga 2. Definiowanie węzłów i PPK.

Punkty (węzły) zdefiniowane dla badanego modelu muszą mieć związek z węzłami konkretnych PPK lub miejscami przyłożenia obciążenia zewnętrznego. Jeżeli punkt opisuje miejsce przyłożenia obciążenia zewnętrznego, to musi on leżeć wewnątrz lub na obrzeżu wybranej PPK.

Kolejność numeracji węzłów i punktów przyłożenia obciążenia zewnętrznego może być dowolna. Również kolejność numeracji PPK jest dowolna.

Wzdłuż danej krawędzi mogą stykać się jedynie dwie PPK typu 4 lub jedna PPK typu 4 i jedna PPK typu 5.

Należy pamiętać, że bryła opisana prostymi powierzchniami konstrukcyjnymi typu 4 i 5 musi być bryłą zamkniętą. W zbiorze danych nie definiuje się ścian bocznych.

Uwaga 3. Obciążenie zewnętrzne.

Pionowe siły zewnętrzne obciążające model nadwozia muszą być w równowadze: suma rzutów tych sił na oś OZ musi być równa zeru oraz moment tych sił również równy zeru.

Układ sił zewnętrznych musi być taki, aby siły te zredukowane na PPK typu 4 powodowały ich symetryczne zginanie lub czyste skręcanie. Przypadki symetrycznego zginania całego modelu lub czystego skręcania należy rozpatrywać oddzielnie. Następnie siły krawędziowe obliczone dla zginania i skręcania mogą być sumowane.

Jeżeli siła obciążenia zewnętrznego działa wzdłuż krawędzi wspólnej dla dwóch PPK, to może być ona przypisana tylko do jednej z tych PPK.

Uwaga 4. Przygotowanie danych przy pomocy mTABa.

Program mTAB może być w pełni wykorzystany do definiowania węzłów i PPK wszystkich typów. Jego zaletą jest automatyzacja wprowadzania danych i ich bieżąca wizualizacja graficzna.

W zakresie wprowadzania obciążeń można go jedynie wykorzystać do definiowania obciążeń zgodnych z typem 9 rekordu danych. W przypadku innych rodzajów obciążeń należy je wprowadzić przy pomocy edytora dostępnego w opcji EDT.

Opcja **Spr**

Opcja ta służy do sprawdzenia poprawności zbioru danych przeznaczonego do wizualizacji (opcja GRF) lub obliczeń (opcja PPK). Sprawdzaniu podlega zbiór o nazwie zgodnej z nazwą zadania. Uwagi o ewentualnych błędach wyświetlane są na ekranie. Błędny zbiór może być poprawiony przy pomocy opcji EDT.

Opcja **GRF**

Opcja ta służy do wizualizacji zbioru danych i wyników obliczeń w postaci graficznej. Udostępnia więc ona swego rodzaju pre- i postprocesor graficzny dla programu PPK.

Po wywołaniu programu z menu głównego użytkownik ma możliwość wyboru rodzaju zbioru (wizualizacja danych — zbiory typu *.DAT lub wyników — zbiory *.RES). Następnie należy określić nazwę zbioru. Dla ułatwienia pojawia się katalog aktualnie dostępnych zbiorów o wybranym wcześniej rozszerzeniu. Proponowana jest nazwa pokrywająca się z nazwą zadania lub gdy taki zbiór nie istnieje nazwa jednego ze zbiorów katalogu. Gdy w katalogu nie ma zbiorów z wybranym rozszerzeniem użytkownik ma możliwość wczytania zbioru z innego napędu (np. z dyskietki). Zmiany aktualnego katalogu można dokonać wybierając z menu głównego opcję Dir.

Program graficzny umożliwia pracę w dwóch układach współrzędnych: we współrzędnych biegunowych Eulera (kierunek obserwacji obiektu jest określony dwoma kątami α i β) lub w układzie współrzędnych związanych z ekranem (kąty α, β oraz γ). Poniżej podano szczegółowy opis klawiatury (klawisz — funkcja). Opcje programu ustawione są standardowo tak, aby kreślenie rysunku odbywało się jak najszybciej.

Ins — przełącznik statusu okien. Standardowo okna są niewidoczne (umożliwia to szybsze kreślenie rysunku na ekranie). Wciśnięcie klawisza spowoduje utworzenie okien informacyjnych:

- u góry po lewej — okno trybu pracy. Podawane są w nim informacje dotyczące (kolejno od lewej):

  trybu numerowania wierzchołków (patrz klawisz **N**), rodzaju przemieszczeń obiektu (klawisz **M**),

  rysowania osi układu współrzędnych związanych z obiektem (klawisz **A** lub **P**) oraz rodzaju przyjętego układu współrzędnych (klawisz **E**),
- u góry po prawej — wyświetlana jest etykieta ze zbioru danych,
- po prawej — legenda umożliwiająca odczytanie (dot. zbiorów danych z rozszerzeniem .DAT) rodzaju przedstawianych obciążeń (siła lub siła na jednostkę długości elementu — przełącznik **Tab**), przybliżonej wartości liczbowej odpowiadającej danemu kolorowi, dokładnej wartości liczbowej obciążenia w elemencie wybranym po wciśnięciu klawisza (klawisz **?**),
- u dołu ekranu wiersz przypominający znaczenie niektórych klawiszy.

Del — anulowanie zmian wprowadzonych przy użyciu klawiszy funkcyjnych F1,...,Fn, S1,...,Sn,C1,...,Cn.

Home — powrót obiektu do pozycji zapamiętanej podczas ostatniego wciśnięcia klawisza **End** lub gdy klawisz ten nie został użyty do pozycji początkowej.

End — powrót obiektu do pozycji zapamiętanej podczas ostatniego wciśnięcia klawisza **Home**.

PgUp, **^ PgUp** — zwiększanie wymiarów obiektu.

PgDown,**^ PgDown** — zmniejszanie wymiarów obiektu.

A — przełącznik dodatkowego rysowania osi współrzędnych związanych z obiektem (standardowo wyłączone). Patrz też klawisz **P**.

E — przełącznik rodzaju układu współrzędnych: układ Eulera (kąty α i β) lub nieruchomy układ współrzędnych związanych z ekranem ozn. XYZ (kąty α, β oraz γ).

H — skrócony opis klawiatury (także **F1**).

M — przełącznik rodzaju przemieszczeń obiektu. Możliwe są dwa rodzaje przemieszczeń:

- obroty względem środka układu współrzędnych związanych z obiektem (realizowane strzałkami $\uparrow, \downarrow, \leftarrow, \rightarrow, \hat{}\leftarrow, \hat{}\rightarrow$ oraz dodatkowo w przypadku układu związanego z ekranem (ozn.: XYZ) klawiszami $\leq, \geq$,shift($\leq, \geq$),
- przemieszczenia pionowe i poziome (realizowane strzałkami).

N — przełącznik wyświetlania numerów węzłów (standardowo wyłączony).

P — przełącznik rysowania powiększonego układu współrzędnych związanych z obiektem. Obiekt pozostaje niewidoczny. Standardowo wyłączony (patrz też klawisz **A**).

Q — zakończenie pracy z programem (także **Esc**).

$\uparrow\downarrow\rightarrow\leftarrow$<> — zmiana położenia obiektu (zgodnie z opisem do klawisza **M**).

? — wybór elementu, dla którego ma być podana wartość obciążenia. Po dokonaniu wyboru (poprzez zadanie numerów dwóch węzłów określających element) w prawym dolnym rogu po słowie "check" i numerach wybranych węzłów zostanie wyświetlona dokładna wartość obciążenia (sposób liczenia obciążenia w danym elemencie można zmienić klawiszem **Tab**). W przypadku pracy w trybie bez okien informacyjnych wartość ta zniknie po wciśnięciu któregokolwiek z opisanych klawiszy.

Tab — przełącznik zmiany sposobu wizualizacji obciążeń (dotyczy tylko zbiorów danych z rozszerzeniem .DAT). Standardowo podawane są wartości sił krawędziowych w jednostkach bezwzględnych, możliwe jest również podanie obciążeń w przeliczeniu na jednostkę długości elementu. Status tego przełącznika można odczytać w górnych wierszach okna legendy (patrz opis klawisza **Ins**).

Esc — zakończenie pracy z programem (także klawisz **Q**).

F1 — skrócony opis klawiatury (także **H**).

F2 — zmiana wartości kąta α. W przypadku włączonego układu współrzędnych Eulera obiekt zmieni położenie do zadanego. Zmiana wartości kąta w przypadku układu XYZ (patrz klawisz **E**) nie powoduje zmian w rysunku.

F3 — zmiana wartości kąta β. Opis jak wyżej.

F5 — zmiana położenia obiektu względem osi poziomej ekranu.

F6 — zmiana położenia obiektu względem osi pionowej ekranu.

F7 — zmiana współczynnika wielkości obiektu (standardowo 1.5).

S2 — zmiana kroku kąta obrotu obiektu dla strzałek →← (kąt α).

C2 — zmiana kroku kąta obrotu obiektu dla strzałek ^(→←).

S3 — zmiana kroku kąta obrotu obiektu dla strzałek ↑↓ (kąt β).

C3 — zmiana kroku kąta obrotu obiektu dla strzałek ^(↑↓).

S4 — zmiana kroku kąta obrotu obiektu względem osi prostopadłej do ekranu — klawisze **<>** (kąt γ). Tylko dla współrzędnych XYZ — patrz klawisz **E**.

C4 — jak wyżej dla klawiszy shift(**<>**).

S5 — zmiana kroku przemieszczenia poziomego obiektu — dla klawiszy ↑↓.

C5 — jak wyżej dla klawiszy ^(↑↓).

S6 — zmiana kroku przemieszczenia pionowego obiektu — dla klawiszy →←.

S7 — zmiana kroku przyrostu współczynnika wielkości obiektu — dla klawiszy **PgUp** i **PgDown**.

C7 — jak wyżej dla klawiszy ^(**PgUp**, **PgDown**).

Opcja **PPK**

Opcja ta służy do przeprowadzenia obliczeń sił krawędziowych metodą prostych powierzchni konstrukcyjnych. Do obliczeń brany jest zbiór zgodny z nazwą zadania i rozszerzeniu .DAT. Wyniki są przechowywane w zbiorze z rozszerzeniem .RES. Mogą one być obejrzane przy pomocy opcji GRF.

Zbiór wyników obliczeń składa się z kopii zbioru *.DAT oraz dodatkowych rekordów dwóch typów (o numerach 11 i 12) postaci:

typ 11: idEdge$

idEdge$ = "EDGES" jest identyfikatorem początku wyników,

w zbiorze *.RES występuje jeden rekord tego typu,

typ 12: nrEdge, N1, N2, FEdge

nrEdge — numer krawędzi siatki PPK,

N1,N2 — numery węzłów opisujących krawędź o numerze nrEdge,

FEdge — wartość obliczonej siły krawędziowej w krawędzi o numerze nrEdge,

w zbiorze *.RES występuje tyle rekordów tego typu, ile jest obciążonych krawędzi dla danego przypadku.

Należy zwrócić uwagę, że w zbiorze *.RES nie ma rekordu typu 10.

Opcja **Dir**

Opcja ta służy do zmiany aktualnej kartoteki przewidzianej na dane i wyniki obliczeń.

Opcja **Quit**

Opcja ta kończy wykonywanie zadania i przekazuje sterowanie do DOSa.

Kompletacja pakietu PPK

Pakiet PPK składa się z następujących zbiorów:

— PPK.EXE — zbiór zawierający główny program sterujący

— PPK.OVR — nakładki dla programu PPK.EXE,

— NE.COM — Norton Editor,

— PPK.DAT — przykładowy zestaw danych dla samochodu Polonez (obciążenie symetryczne),

— PPK.RES — wyniki obliczeń dla zbioru PPK.DAT.

Program PPK i jego nakładki zostały napisane w języku Turbo Pascal 5.0; wykorzystuje on kartę graficzną typu VGA.

2. ZASTOSOWNIE PROGRAMU PPK DO NADWOZIA SAMOCHODU POLONEZ

W poniższym rozdziale zaprezentowano zastosowanie programu PPK do modelowania sił krawędziowych i wytężeń w tych krawędziach dla nadwozia samochodu Polonez.

Model PPK nadwozia samochodu Polonez

Model PPK nadwozia samochodu Polonez składa się z 56 węzłów i 16 prostych powierzchni konstrukcyjnych. Jego widok przedstawiono na rysunkach 23 i 24. Wśród szesnastu PPK znajdują się:

— 2 dźwigary (elementy typu 1), np. 37–17–19–39,

— 4 poprzeczki (elementy typu 2), np. 21–23–24–22,

— 1 półka (element typu 3), np. 41–42–4–3,

— 8 czystych PPK (elementy typu 4), np. 1–2–4–3,

— 2 ściany boczne (elementy typu 5),

— 1 fikcyjna PPK (element typu 6), np. 43–44–12–11.

Obciążenia zewnętrzne dla przypadku zginania przykładane są w punktach:

— 47, 48 (siły ciężkości silnika),

— 45, 46 (reakcje przedniego zawieszenia),

— 31 (dwie siły od sił ciężkości pasażerów),

— 51, 53, 52, 54 (reakcje tylnego zawieszenia),

— 55, 56 (obciążenie bagażnika).

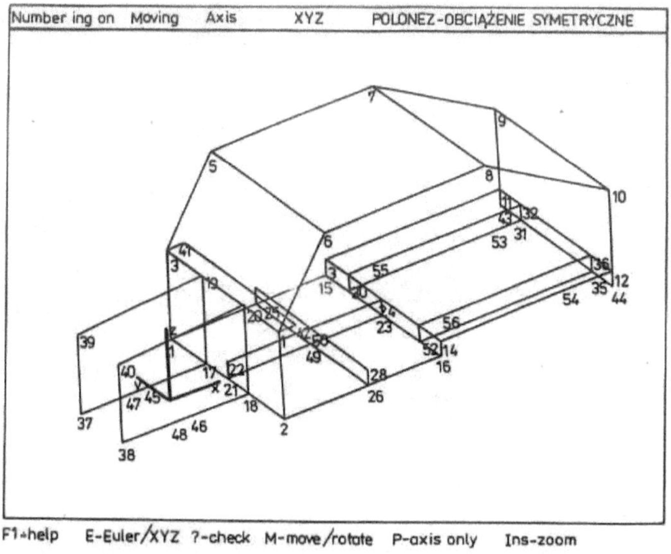

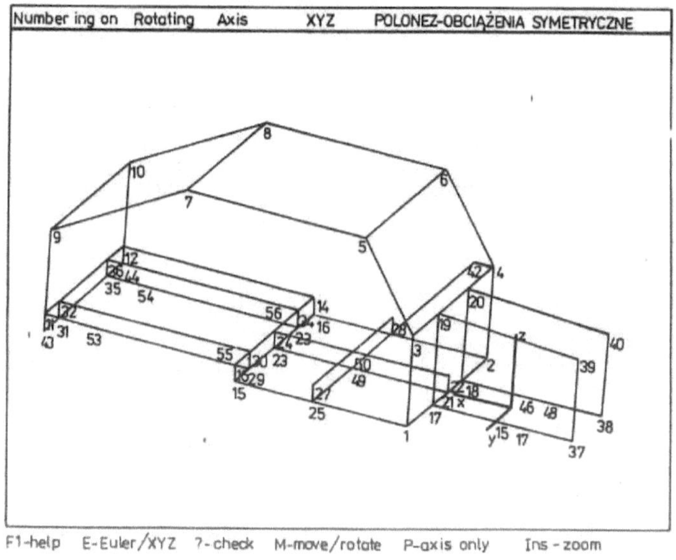

Rys. 23. Kopie ekranu mikrokomputera przedstawiające model PPK nadwozia samochodu Polonez

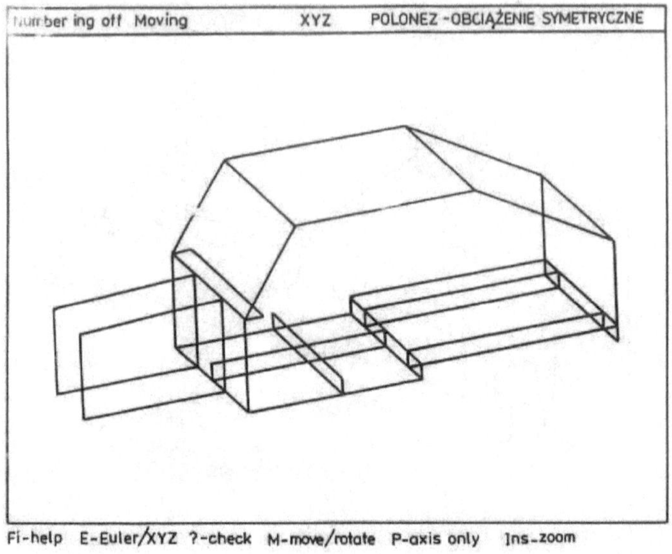

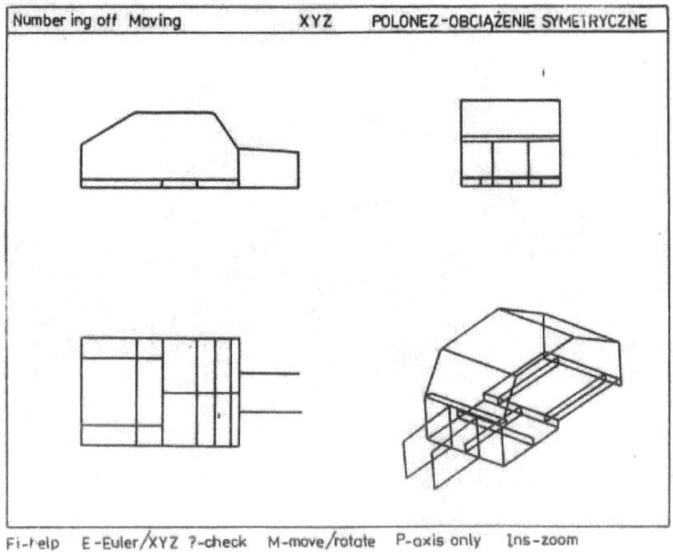

Rys. 24. Kopia ekranu mikrokomputera dla przypadku zginania

Obciążenia zewnętrzne dla skręcania przykładane są w punktach:
- 45, 46 (zewnętrzne obciążenie na stanowisku badawczym),
- 51, 53, 52, 54 (reakcje w punktach mocowania tylnego zawieszenia).

Wyniki obliczeń

Wyniki obliczeń programu PPK oglądane mogą być na monitorze kolorowym minikomputera (por. opcja GRF). Na Rys. 24 przedstawiono kopie ekranu dla przypadku zginania.

Program pozwala na wyświetlanie wartości siły krawędziowej lub wytężenia dla wskazanej krawędzi modelu PPK; jednocześnie oznacza odpowiednim kolorem (zgodnie z legendą) wybraną krawędź. Rysunek 25 przedstawia kopię ekranu dla wyników obliczeń.

Siły krawędziowe, dla przypadku zginania wynoszą odpowiednio:

nr krawędzi	nr węzła		siła krawędziowa [N]
2	2	4	1436
4	1	3	1436
14	10	12	1318
16	9	11	1318
20	14	16	1176
22	13	15	1176
23	2	16	1821
24	1	15	1821
40	23	24	2107
42	21	22	1736
44	26	28	1579
46	25	27	1579
48	31	32	1318
50	29	30	122
52	35	36	1318
54	33	34	122

Pełne wyniki obliczeń (zbiór PPK.RES) zamieszczono poniżej.

Przedstawiony tu pakiet programów służyć ma do celów dydaktycznych na wydziale SIMR PW. Po rozszerzeniu go na wszystkie przypadki PPK opisane wyżej będzie mógł być wykorzystany do automatycznego projektowania zerowej wersji nadwozia samochodu.

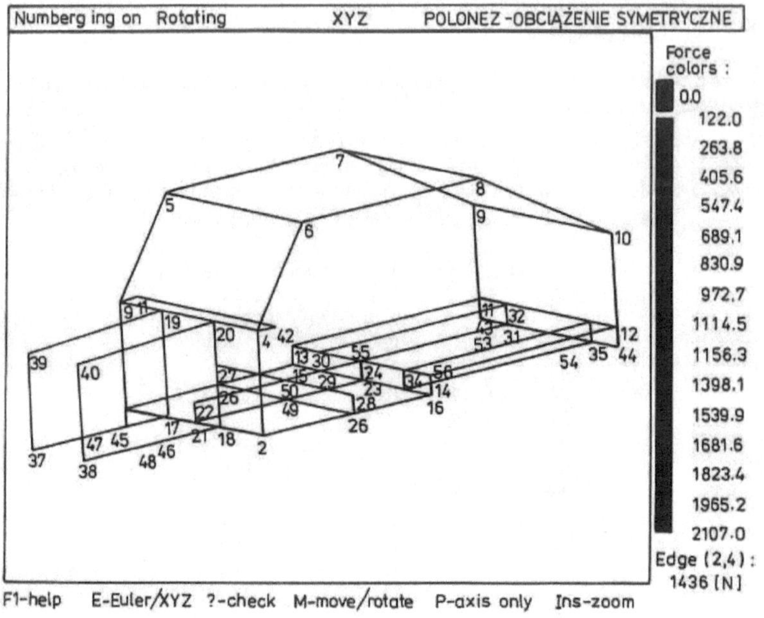

Rys. 25. Kopia ekranu mikrokomputera dla wyników obliczeń

Pełne wyniki obliczeń dla samochodu Polonez (por. Rys. 23).

"POLONEZ — OBCIĄŻENIE SYMETRYCZNE" 56 16

"NODES"

1	50	76	0
2	50	-76	0
3	50	76	55
4	50	-76	55
5	92	76	105
6	92	-76	105
7	232	76	105
8	232	-76	105
9	335	76	60
10	335	-76	60
11	335	76	10
12	335	-76	10
13	185	76	10
14	185	-76	10
15	185	76	0
16	185	-76	0
17	50	28	0
18	50	-28	0
19	50	28	55
20	50	-28	55
21	50	0	0
22	50	0	10
23	185	0	0
24	185	0	10
25	124	76	0
26	124	-76	0
27	124	76	10
28	124	-76	10
29	185	47	0
30	185	47	10
31	335	47	0
32	335	47	10
33	185	-47	0
34	185	-47	10
35	335	-47	0
36	335	-47	10
37	-60	28	0
38	-60	-28	0
39	-60	28	50
40	-60	-28	50
41	65	76	55

42	65	-76	55
43	335	76	0
44	335	-76	0
45	0	28	0
46	0	-28	0
47	-15	28	0
48	-15	-28	0
49	124	0	0
50	124	0	10
51	190	47	0
52	190	-47	0
53	310	47	0
54	310	-47	0
55	210	47	10
56	210	-47	10

"ELEMS"

1	4	1	2	4	3
2	4	3	4	6	5
3	4	5	6	8	7
4	4	7	8	10	9
5	4	9	10	12	11
6	4	11	12	14	13
7	4	13	14	16	15
8	4	15	16	2	1
9	6	43	44	12	11
10	1	37	17	19	39
11	1	38	18	20	40
12	3	41	42	4	3
13	2	21	23	24	22
14	2	25	26	28	27
15	2	29	31	32	30
16	2	33	35	36	34

"LOADS"

10	0	0	-1000	47	17	19	1	8	12	
10	0	0	-1000	48	18	20	1	8	12	
11	0	0	3304	45	17	19	1	8	12	
11	0	0	3304	46	18	20	1	8	12	
13	0	0	-3843	23	24	7	21	22	1	49
14	0	0	-3157	26	28	0	25	27	0	49
15	0	0	2098	31	32	5	29	30	7	51
15	0	0	2098	31	32	5	29	30	7	53
16	0	0	2098	35	36	5	33	34	7	52
16	0	0	2098	35	36	5	33	34	7	54
15	0	0	-3000	31	32	5	29	30	7	55

16	0	0	-3000	35	36	5	33	34	7	56

"EDGES"

2	2	4	1436
4	1	3	1436
14	10	12	1318
16	9	11	1318
20	14	16	1176
22	13	15	1176
23	2	16	1821
24	1	15	1821
40	23	24	2107
42	21	22	1736
44	26	28	1579
46	25	27	1579
48	31	32	1318
50	29	30	122
52	35	36	1318
54	33	34	122

"End of results"

6. Pre- i postprocesor dla PPK i MES w zastosowaniu do projektowania i analizy nadwozia samochodowego

W rozdziale tym opisujemy pre- i postprocesor dla PPK i MES używany do badania i projektowania nadwozi metodą PPK (Prostych Powierzchni Konstrukcyjnych) (patrz prace [1,2,3,4,5,6]) i MES (patrz [13]).

Pre- i postprocesor wykorzystuje program mTAB ([7]) używany dla systemów MES. Został on zaadaptowany także do generowania siatki PPK jako preprocesor (tj. program mTAB * PRE). W pracy zamieszczono również zastosowanie przedstawionego programu graficznego do modelu Poloneza w ujęciu PPK (patrz Rys. 14).

Zamieściliśmy również dane do tego modelu. Pre-procesor (program mTAB * PRE) wizualizuje graficznie obliczenia PPK z rozdziału 5.

1. KRÓTKI OPIS PROGRAMU mTAB

mTAB został opracowany przez STRUCTURAL ANALYSIS INC. 1987 [7]. mTAB jest pakietem programów będących PRE- i POSTPROCESOREM dla systemów MES, szczególnie SAP IV, SAP 86, SAP V. mTAB dostosowany jest do komputerów IBM PC, IBM PC XT/AT i kompatybilnych mikrokomputerów z grafiką, stacją pamięci dyskowej typu 5 1/4" DS-DD oraz dyskiem o minimum 640kB pamięci RAM. mTAB składa się z dwóch zasadniczych pakietów: mTAB#PRE i mTAB#POST. mTAB#PRE stanowi użyteczne i sprawne narzędzie wykorzystywane w budowie i rozbudowie złożonych struktur elementów skończonych. Po utworzeniu modelu obliczeniowego, określeniu jego własności materiałowych, warunków brzegowych, obciążeń itd., dane przechowywane są w zbiorze "neutral" lub "restart", który po dokonaniu translacji może być wykorzystany jako zbiór wejściowy do systemu MES. mTAB#PRE wyposażony jest w translatory oryginalnych wersji SAP IV, SAP V i wersji mikrokomputerowej SAP IV zwanej SAP 86. mTAB#POST umożliwia graficzne opracowanie wyników obliczeń uzyskanych wybranym systemem MES. Program ten pokazuje deformacje struktury wywołane obciążeniem lub zmianą temperatury oraz warstwicowe wykresy naprężeń. Umożliwia także animację obrazu (patrz [7]).

mTAB#PRE — charakterystyka programu

mTAB#PRE składa się z modułów. Zadania realizowane przez poszczególne moduły wyświetlane są na ekranie w formie "MENU".

W dowolnej fazie tworzenia modelu udostępniany jest opis zwarty w "HELP".

Lista modułów:

- GLOBAL SET UP — MENU#1
- NODE DEVELOPMENT — MENU#2
- ELEMENT DEVELOPMENT — MENU#3
- LOADS, RESTRAINS, AND BOUNDARY CONDITIONS — MENU#4

— OFFLINE PLOTTING — MENU#5

— WRITING FINITE ELEMENTS DATA — MENU#6

mTAB#PRE ma wiele możliwości generowania geometrii modelu, które są przydatne dla użytkowników początkujących i z dużym doświadczeniem.

mTAB#PRE zapewnia:

— wyświetlenie obrazu modelu w dowolnej fazie jego tworzenia,

— zwiększenie zbioru węzłów przez wprowadzenie dodatkowych numerów węzłów i ich współrzędnych. Proces ten może być wykonywany "n" razy w celu utworzenia "n" nowych zbiorów węzłów,

— użycie funkcji generujących linię, powierzchnię, objętość:

LINE GEN — generuje węzły leżące na linii prostej lub łuku między wskazanymi punktami końcowymi,

SURFACE GEN — generuje węzły leżące między narożami czworokąta,

VOLUME GEN — generuje węzły leżące na krawędziach sześciościanu określonego przez osiem naroży,

— generowanie powierzchni przekroju powstałej w wyniku przecięcia się dwóch regularnych powierzchni (płaszczyzny, cylindry, stożki, kule) w celu rozmieszczenia węzłów na krawędzi tego przekroju,

— definiowanie położenia węzłów wykorzystując "SCREEN TABLET" — poprzez przesuwanie kursora,

— proporcjonalne zmniejszanie lub zwiększanie współrzędnych oraz otrzymywanie symetrycznego ich obrazu,

— wprowadzanie pozostałych danych dotyczących modelu:

obciążenia: ciśnienia działające na element, siły skupione, narzucone przemieszczenia i temperatury,

masy skupione, momenty bezwładności,

ograniczenia ruchu, warunki brzegowe i liczby stopni swobody poszczególnych węzłów,

— generowanie elementów, które pod względem organizacji jest podobne do sposobu generowania węzłów; zbiór elementów może być zwiększony przez wprowadzenie dodatkowych numerów elementów i ich połączeń węzłowych,

— zastosowanie "okna" o wymiarach definiowanych przy pomocy kursora, w celu otrzymania obrazu szczegółów badanego modelu,

— usuwanie niewidocznych linii co poprawia czytelność złożonych modeli,

— oznaczanie kolorami własności materiałów i powierzchni elementów w przypadku wyprowadzania rysunków na kolorowe monitory lub plotery,

— obrót układu współrzędnych względem trzech osi oraz automatyczny dobór skali w celu otrzymania najlepszego obrazu modelu; skala może być ustalona także przez użytkownika,

— wybór układu współrzędnych: globalny kartezjański, globalny cylindryczny, lokalny kartezjański, lokalny cylindryczny,

— definiowanie dużych modeli; rozmiar modelu ograniczony obszarem pamięci RAM,

— tworzenie rysunku modelu o wysokiej rozdzielczości, który może być przesłany na ploter lub drukarkę,

— zapamiętywanie obrazów modelu odpowiadających różnym położeniom osi układu współrzędnych w celu animacji przesunięć i obrotów modelu,

— wykorzystanie 13 typów elementów skończonych w procesie budowania modelu.

Typy elementów:

PRĘTOWY
KRATOWY
BELKOWY
PŁYTOWY TRÓJKĄTNY, 3 węzły
POWŁOKOWY TRÓJKĄTNY, 6 węzłów
PŁYTOWY CZWOROKĄTNY, 4 węzły
POWŁOKOWY CZWOROKĄTNY, 8 węzłów
BRYŁOWY PRYZMATYCZNY (pięciościenny), 6 węzłów
BRYŁOWY PRYZMATYCZNY (pięciościenny), 12 węzłów
BRYŁOWY PRYZMATYCZNY (pięciościenny), 15 węzłów
BRYŁOWY SZEŚCIOŚCIENNY, 8 węzłów
BRYŁOWY SZEŚCIOŚCIENNY, 16 węzłów
BRYŁOWY SZEŚCIOŚCIENNY, 20 węzłów.

mTAB#POST — charakterystyka programu

mTAB#POST jest wielozadaniowym postprocesorem przeznaczonym do graficznej prezentacji wyników obliczeń otrzymanych programem MES.

mTAB#POST składa się z dwóch modułów: "reader" — moduł czytający i "display" — moduł graficzny.

"reader" moduł jest używany do:

— wczytania zbioru wyników MES,

— wczytania neutralnego zbioru danych (jeśli jest tworzony),

— wykonania obliczeń naprężeń,

— przetworzenia danych do rysowania,

— zapisania zbioru z rozszerzeniem "DIS" dla "display" modułu.

"display" moduł jest wykorzystywany do przedstawienia wyników w postaci graficznej.

mTAB#POST zapewnia:

— otrzymanie modelu po deformacji z nałożonym nieodkształconym konturem,

— animację ciągu obrazów deformacji,

— wykresy warstwicowe naprężeń, odkształceń i temperatur z oznaczeniem kolorami,

— wykresy warstwicowe i obraz deformacji modelu wykonane na urządzeniach zewnętrznych (ploter, drukarka),

— zastosowanie "okna" o wymiarach określonych przy pomocy kursora — otrzymanie obrazu detali w zbliżeniu,

— usunięcie linii niewidocznych,

— obrót układu współrzędnych, automatyczny dobór skali lub ustalenie skali przez użytkownika,

— zapamiętanie obrazu na ekranie lub sekwencji obrazów przy animacji,

— rozpoznanie ośmiu typów elementów:

PRĘTOWY

KRATOWY

BELKOWY

PŁYTOWY TRÓJKĄTNY, 3 węzły

POWŁOKOWY TRÓJKĄTNY, 6 węzłów

PŁYTOWY CZWOROKĄTNY, 4 węzły

POWŁOKOWY CZWOROKĄTNY, 8 węzłów

BRYŁOWY PRYZMATYCZNY (pięciościenny), 6 węzłów

2. ZASTOSOWANIE PROGRAMU mTAB*PRE DO GENEROWANIA SIATKI PPK

Instalację kompletnego pakietu podprogramów mTAB*PRE oraz pakietu modułów graficznych GSX przeprowadza się na wybranym koncie pod systemem PC-DOS lub MS-DOS. Do uruchomienia programu wymagane są następujące specyfikacje w CONFIG.SYS:

FILES= 26

DEVICE= ANSI.SYS

BUFFERS= 40

Uruchomienie mTAB*PRE następuje przez wpisanie MTAB<cr>. Po wyświetleniu informacji ogólnych pojawia się pytanie: Is this a restart from a previously saved mTAB/pre file (y/n)?

W przypadku odpowiedzi negatywnej — "n" — rozpoczyna się budowę nowego modelu. Na początku sesji należy podać liczbę węzłów, która pokrywa się z maksymalnym numerem węzła (w wersji edukacyjnej mTAB*PRE dopuszcza się $n_{\max} = 150$) oraz liczbę elementów.

Jeśli wykorzystywany jest poprzednio zbudowany model zdefiniowany w zbiorze typu "neutral" z rozszerzeniem .RST, po wyświetleniu na ekranie odpowiedniego polecenia, należy wpisać nazwę tego zbioru bez rozszerzenia. Kolejne wyświetlane informacje i pytania umożliwiają zmianę liczby węzłów i elementów w aktualnie opracowywanym modelu.

Program mTAB*PRE składa się z szeregu modułów zawartych w MENU INDEX.

MENU INDEX

1 — global setup	4 — loads,restrains & bc's	7 — save neutral file
2 — node development	5 — offline plotting	8 — exit mTab
3 — elem development	6 — write FE code data	

Opis poszczególnych modułów i realizowane przez nie funkcje zawiera instrukcja obsługi mTAB*PRE. W proponowanym zastosowaniu mTAB*PRE nie wykorzystuje się modułu nr 6 (zapis danych w kodzie dostosowanym do obliczeń metodą elementu skończonego).

Moduł nr 1 — "global setup" umożliwia między innymi: wprowadzenie tytułu, listowanie oraz drukowanie danych, zaznaczanie lub nie układu współrzędnych, numerów węzłów, numerów elementów.

Moduł nr 2 — "node development" organizuje tryb budowy siatki węzłów modelu. Do zastosowania możliwych jest 12 opcji przedstawionych w MENU 2.

Menu 2 Node Development

1 — refresh plot	4 — define nodes	7 — line gen	10 — intersections
2 — window zoom	5 — increments nod.	8 — surface gen	11 — screen tablet
3 — set coord sys	6 — scale nodes	9 — volume gen	12 — delete nodes

W procesie definiowania węzłów struktury PPK wykorzystuje się niektóre z powyższych opcji.

Opcja nr 4 służy do wprowadzania współrzędnych węzłów w globalnym układzie kartezjańskim (chyba, że nastąpi zmiana układu odniesienia przy pomocy opcji nr 3).

Opcje nr 5,7,8,9 przeznaczone są do automatycznego generowania zbioru węzłów.

Kasowanie węzłów przeprowadza się wybierając opcję nr 12. W celu uaktualnienia obrazu siatki węzłów wykorzystuje się opcję nr 1, która umożliwia także obrót globalnego układu współrzędnych — stosownie do potrzeb użytkownika.

Moduł nr 3 — "element development" służy do zdefiniowania elementów powstałych w wyniku przestrzennej dyskretyzacji modelu.

Wykaz poleceń zawiera MENU 3.

Menu 3 Element Development

1 — refresh plot	3 — define elems	5 — delete elems	7 — revise mat'l
2 — window zoom	4 — increment elems	6 — define props	

Podstawową opcją jest tu opcja nr 3. Każdy element definiowany jest dwustopniowo. Najpierw określa się typ elementu (należy przyjąć typ nr 5 — tzn. płytowy element czworokątny o czterech narożnych węzłach) i materiał (dowolna liczba całkowita w zakresie 1-100), a następnie wprowadza się numery węzłów tworzących element.

Opcja nr 4 wykorzystywana jest przy automatycznym generowaniu elementów w obszarze zdefiniowanej siatki węzłów.

Kasowanie elementów realizuje opcja nr 5.

Opcja nr 1, tak jak w przypadku "node development" służy do uaktualniania wyświetlanego na ekranie obrazu modelu.

W celu wprowadzenia obciążeń wykorzystuje się moduł nr 4 — "loads, restrains, and boundary conditions". Zbiór funkcji realizowanych przez ten moduł pokazuje MENU 4.

Menu 4 Load, Restrains & BC's

1 — set coord system	4 — def restrains	7 — preasure loads
2 — forces & moments	5 — masses & inertias	
3 — fixed displacements	6 — nodal temperatures	

W omawianym zastosowaniu programu mTAB*PRE wykorzystywana jest opcja nr 2. Zapewnia ona zdefiniowanie węzłowych obciążeń w postaci skupionych sił i momentów działających na wybrany węzeł lub zbiór węzłów. Określenie każdego obciążenia wymaga wprowadzenia po trzy składowe wektora siły i momentu w aktualnym układzie współrzędnych (programowo — układ kartezjański).

Moduł nr 5 — "offline plotting" zawiera polecenia dotyczące postaci graficznej rysunku modelu.

Menu 5 Offline Plotting

1 — view angles/scale	3 — plot device	5 — window zoom	8 — animation
2 — hl removal(off)	(screen)	6 — save plot	9 — plot params
	4 — begin plot	7 — restore plot	

Przewidziany jest obrót układu współrzędnych (1), modyfikacja parametrów rysunku takich jak: tytuł, zaznaczenie bądź nie układu współrzędnych, numerów węzłów, numerów elementów (9), zmiana urządzenia wyjścia (3). Rozpoczęcie procesu tworzenia obrazu modelu na wskazanym urządzeniu wyjścia następuje po wybraniu opcji 4.

Moduł nr 7 — "save neutral file" realizuje zapis zbioru danych na dysku systemowym w postaci zbioru typu "neutral" z rozszerzeniem .RST jako tzw. "restart" do ponownego wykorzystania przez mTAB*PRE.

Moduł nr 8 — "exit mTAB" powoduje zakończenie sesji budowy modelu.

Zastosowanie przedstawionego programu graficznego do modelu Poloneza w ujęciu PPK przedstawiono na Rys. 26,27.

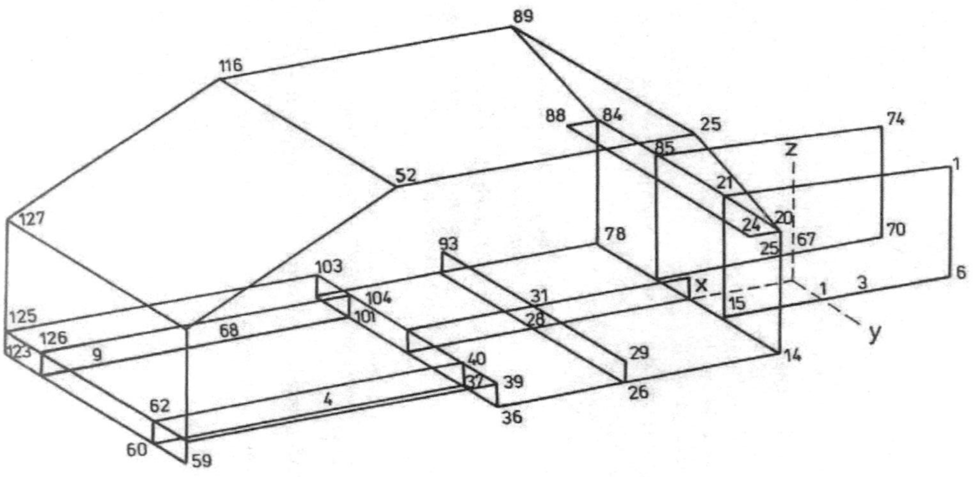

Rys. 26. Model PPK samochodu Polonez (II wersja)

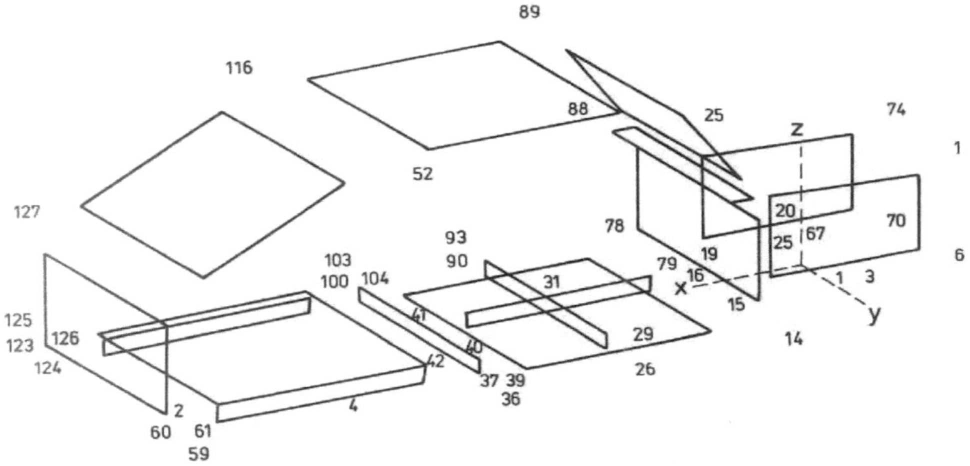

Rys. 27. Model PPK samochodu Polonez z rozstrzelonymi PPK (II wersja)

Podajemy teraz przykładowe wyniki obliczeń.

"POLONEZ — OBCIĄŻENIE SYMETRYCZNE", 127,71,"NODES"

1,0,28,0

2,0,−28,0

3,−15,28,0

4,250,47,0

6,−60,28,0

8,190,−47,0

9,310,−47,0

10,−60,28,50

14,50,76,0

15,50,28,0

16,50,0,0

19,50,0,10

20,50,76,55

21,50,28,55

24,65,76,55

25,92,76,105

26,124,76,0

28,124,0,0

29,124,76,10

31,124,0,10

36,185,76,0

37,185,47,0

38,185,0,0

39,185,76,10

40,185,47,10

41,185,0,10

42,210,47,10

52,232,76,105

59,335,76,0

60,335,47,0

61,335,76,10

62,335,47,10

63,335,76,60

65,0,−28,0

67,−15,−28,0
68,250,−47,0
70,−60,−28,0
74,−60,−28,50
78,50,−76,0
79,50,−28,0
84,50,−76,55
85,50,−28,55
88,65,−76,55
89,92,−76,105
90,124,−76,0
93,124,−76,10
100,185,−76,0
101,185,−47,0
103,185,−76,10
104,185,−47,10
106,210,−47,10
116,232,−76,105
123,335,−76,0
124,335,−47,0
125,335,−76,10
126,335,−47,10
127,335,−76,60
"ELEMS"
1,5,1
26
29
93
90
2,5,1
16
38
41
19
3,5,1
36

39
103
100
4,5,1
39
61
125
103
5,5,1
37
40
62
60
6,5,1
63
59
123
127
7,5,1
52
63
127
116
9,5,1
6
10
21
15
10,5,1
14
20
84
78
11,5,1
20
24

```
88
84
12,5,1
20
25
89
84
13,5,1
25
52
116
89
14,5,1
14
36
100
78
15,5,1
70
74
85
79
16,5,1
101
104
126
124
"RSTGS"
−1,"LOADS"
1,0,0,6608,0,0,0
3,0,0,−2000,0,0,0
4,0,0,8392,0,0,0
31,0,0,−7000,0,0,0
42,0,0,−6000,0,0,0
65,0,0,6608,0,0,0
67,0,0,−2000,0,0,0
```

68,0,0,8392,0,0,0

106,0,0,−6000,0,0,0

−1,"MASSES"

−1,"DISP"

−1,"TEMP"

−1,"PNUM"

−1,"PREC"

−1,"MATL"

−1,"EPROP"

−1,"OFFSETS"

−1,"EOF"

7. Analiza nadwozia Poloneza w ujęciu MES

Ogromny rozwój maszyn matematycznych — cyfrowych, umożliwił wprowadzenie metod analitycznych pozwalających na badanie zachowania się maszyn i konstrukcji w różnych warunkach pracy. Podstawową sprawą jest stworzenie modelu matematycznego, tak aby był wystarczająco dokładny dla celów praktycznych. Przeprowadzona analiza ilościowa modelu matematycznego jest podstawą ustalania wielkości charakteryzujących obiekt — jak wymiary i warunki pracy. Obliczenia zawierają zwykle wszystkie podane niżej etapy (Rys. 28) (patrz [9–11]).

Statyka

W teorii sprężystości wyróżniamy:

— Stan naprężenia, czyli siłę wewnętrzną przypadającą na jednostkę powierzchni (siły mogą być: masowe, powierzchniowe i skupione),

— Stan odkształcenia, gdzie każdy punkt rozważanego ciała na skutek przyłożenia siły zmienia swoje położenie w przyjętym układzie współrzędnych. Stan odkształcenia opisuje tensor odkształcenia:

$$T = \begin{vmatrix} \varepsilon_x & \gamma_{xy} & \gamma_{xz} \\ \gamma_{xz} & \varepsilon_y & \gamma_{xz} \\ \gamma_{xz} & \gamma_{zy} & \varepsilon_z \end{vmatrix} \tag{7.1}$$

gdzie $\varepsilon_x, \varepsilon_y, \varepsilon_z$ — wydłużenia w kierunku x, y, z, $\gamma_{xy}, \gamma_{xz}, \gamma_{zx}, \gamma_{zy}$ — kąty odkształcenia bezpostaciowego

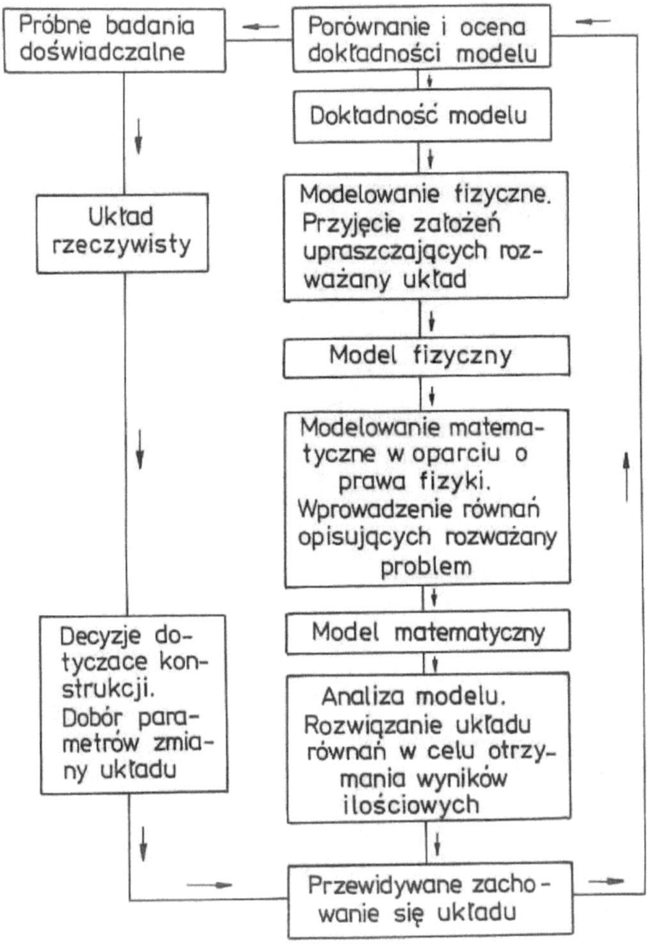

Rys. 28. Schemat blokowy postępowania w przypadku modelowania matematycznego i symulacji

W ciałach izotropowych kierunki wydłużeń głównych pokrywają się z kierunkami naprężeń głównych. Związek pomiędzy stanem naprężenia i odkształcenia wyraża się:

$$\sigma = E\varepsilon \tag{7.2}$$

gdzie E — macierz stałych sprężystych, ε — wektor odkształceń.

Natomiast przedstawiając ε w postaci

$$\varepsilon = Du \tag{7.3}$$

gdzie D — macierz operatorów różniczkowych, u — wektor przemieszczeń węzłowych, możemy wektor przemieszczeń węzłowych wyrazić w postaci

$$u = N\vec{u} \tag{7.4}$$

gdzie N — funkcja kształtu elementu skończonego (w zależności od przyjętego elementu skończonego), $\vec{u}$ — wektor współrzędnych węzłowych.

Po podstawieniu otrzymamy

$$\varepsilon = Du = DN\vec{u} = B\vec{u} \tag{7.5}$$

gdzie B — macierz odkształceń.

Macierz sztywności możemy wyrazić w postaci

$$\int_V B^T DBdV \tag{7.6}$$

B^T — transponowana macierz odkształceń

Wtedy mamy

$$Ku = P \tag{7.7}$$

P — macierz obciążeń zewnętrznych, u — macierz przemieszczeń w węzłach, K — macierz sztywności (macierz globalna układu)

Po rozwiązaniu w/w układu równań wykonywana jest następująca sekwencja operacji:

- obliczenie sił na końcach elementów skończonych,
- obliczenie pól — przemieszczeń, odkształceń i naprężeń w elemencie skończonym,
- redakcja wyników obliczeń w postaci numerycznej, alfanumerycznej i znakowej.

A zatem kolejne czynności będą przebiegały w następujący sposób:

- Dyskretyzacja (dzielenie) obciążeń rozpatrywanego obszaru na określone podobszary (elementy), połączone tylko w ustalonych punktach, tzw. węzłach,
- Ustalenie dla każdego podobszaru (elementu) znanych wielkości (np. siły obciążające) oraz znalezienie ich zastępczych wielkości w węzłach, a następnie ustalenie zależności interesujących nas wielkości (np. przemieszczenia) w węzłach,

— Na podstawie ustalonych zależności, układany jest dla całego rozpatrywanego obszaru układ równań — wiążący nam dane wielkości węzłowe (np. siły) z niewiadomymi wielkościami węzłowymi (np. przemieszczeniami),

— Rozwiązywany jest otrzymany układ równań.

(patrz [9–11]).

Dynamika

Gdy przemieszczenia ciała sprężystego zmieniają się w funkcji czasu, to występują dwie rodziny sił dodatkowych:

1. Siły bezwładności związane z uogólnionymi przyśpieszeniami $\ddot{x}$. Siły te mogą być wyrażone w postaci:

$$M\ddot{x}$$

gdzie M — macierz masy właściwej (na jednostkę objętości)

2. Siły wywołane przez tarcie wewnętrzne — przeciwdziałające ruchowi, wyrażone w postaci:

$$C\dot{x}$$

gdzie C — macierz tłumienia, $\dot{x}$ — prędkość uogólniona.

Układ równań (łącznie z macierzą sztywności) dla obliczeń statycznych:

$$Kx + P = 0$$

możemy przedstawić w postaci:

$$M\ddot{x} + C\dot{x} + Kx + P = 0. \tag{7.8}$$

Jeżeli w powyższym równaniu macierz C i wektor P są równe 0, to otrzymamy

$$Kx + M\ddot{x} = 0 \tag{7.9}$$

Rozwiązaniem tego równania jest:

$$x = x_0 \cos \omega t,$$

po podstawieniu otrzymamy

$$(K - \omega^2 M)x_0 = 0 \tag{7.10}$$

Rozwiązanie powyższego układu jest możliwe tylko dla pewnych określonych wartości ω, dla których wyznacznik macierzy w nawiasie jest równy 0. Ponieważ wyznacznik jest rzędu n (macierze mają wymiar $n \times n$), to istnieje także n pierwiastków, które są rzeczywistymi wartościami ω^2. Pierwiastki te określają drgania własne układu. Wyznaczone ω są częstościami własnymi układu.

Każda wartość własna (częstotliwość) posiada wektor $(x_0)_i, i = 1, 2, \ldots, n$, który przedstawia postacie drgań układu w przypadku braku degeneracji częstości. Jest on dyskretyzowany na węzły układu. W przypadku istnienia tłumienia poszukujemy rozwiązania w postaci:

$$x = xe^{\alpha t} \tag{7.11}$$

i otrzymujemy następujący warunek

$$(\alpha^2 M + \alpha C + K)x_0 = 0 \tag{7.12}$$

Powyższe równanie daje warunek

$$\det(\alpha^2 M + \alpha C + K) = 0 \tag{7.13}$$

będący równaniem algebraicznym $2n$-tego stopnia. Otrzymujemy w ten sposób widmo drgań układu z tłumieniem. Jeżeli $\alpha_i, \overline{\alpha_i}, i = 1, 2, \ldots, n$ (istnieje $2n$ pierwiastków) spełnia powyższe równanie, to

$$\alpha_i = -\beta_i + i\omega_i$$

oraz (7.14)

$$\overline{\alpha_i} = -\beta_i - i\omega_i$$

i, jak łatwo można zauważyć

$$\begin{aligned} \omega_i &= \mathrm{Im}(\alpha_i) = -\mathrm{Im}(\overline{\alpha_i}) \\ \beta_i &= -\mathrm{Re}(\alpha_i) = -\mathrm{Re}(\overline{\alpha_i}) \end{aligned} \tag{7.15}$$

W przypadku braku degeneracji mamy jako ogólne rozwiązanie równania jednorodnego

$$x = \sum_{i=1}^{n} (x_0)_i e^{-\beta_i t} \cos \omega_i t \tag{7.16}$$

gdzie $(x_0)_i, i = 1, 2, \ldots, n$ jest wektorem odpowiadającym modowi własnemu o częstości ω_i i dekrementowi tłumienia β_i, czyli spełnia równanie

$$((-\beta_i + i\omega_i)^2 M + (-\beta_i + i\omega_i)C + K)(x_0)_i = 0 \tag{7.17}$$

Przy braku degeneracji częstości wektory $(x_0)_i, (x_i)_j, i \neq j$ są ortogonalne. Otrzymane drgania nazywamy drganiami normalnymi. W przypadku obciążenia zewnętrznego P będącego np. funkcją periodyczną

$$P = P_0 \cos \omega t \tag{7.18}$$

musimy szukać ogólnego rozwiązania w postaci

$$x = \sum_{i=1}^{n} (x_0)_i e^{-\beta_i t} \cos(\omega_i t + \alpha_i) + Q_0 \cos(\Omega t + \phi), \tag{7.19}$$

gdzie ϕ jest przesunięciem fazy względem wymuszenia, a $\alpha_i, i = 1, 2, 3, \ldots, n$ są fazami początkowymi drgań normalnych (oczywiście przy braku degeneracji).

Po dostatecznie dużym czasie mamy

$$x = Q_0 \cos(\Omega t + \phi)$$

i możemy badać krzywą rezonansową, tj. szukać maksimów składowych Q_0 względem kierunków normalnych ze względu na Ω tj. dla

$$Q_0(x_0)_i = f_i(\Omega) \tag{7.20}$$

Daje to nam n krzywych rezonansowych. Warunek

$$\frac{df_i}{d\Omega}(\tilde{\Omega}) = 0 \tag{7.21}$$

da nam częstości rezonansowe $\tilde{\Omega}$ wraz z szerokościami połówkowymi. Innym podejściem jest poszukiwanie globalnego rezonansu układu i szukanie maksimum funkcji

$$f(\Omega) = |Q_0|^2 = \sum_{i=1}^{n} (Q_0)_i^2 \tag{7.22}$$

będącą długością amplitudy drgań wzbudzonych. Z warunku

$$\begin{aligned} \frac{d}{d\Omega} f(\tilde{\Omega}) &= 0 \\ \frac{d^2}{d\Omega^2} f(\tilde{\Omega}) &< 0 \end{aligned} \tag{7.23}$$

otrzymamy częstości wraz z połówkowymi szerokościmi rezonansu. W tym miejscu zdefiniujemy szerokość połówkową rezonansu jako

$$\Gamma = \Gamma_1 + \Gamma_2 \tag{7.24}$$

gdzie Γ_1 i Γ_2 są rozwiązaniem następujących równań $\Gamma_1, \Gamma_2 > 0$

$$\begin{aligned} f(\tilde{\Omega} + \Gamma_1) &= \frac{1}{2} f(\tilde{\Omega}) = \frac{1}{2} f_{\max} \\ f(\tilde{\Omega} - \Gamma_2) &= \frac{1}{2} f(\tilde{\Omega}) = \frac{1}{2} f_{\max} \end{aligned} \tag{7.25}$$

Zauważmy jeszcze, że obecnie poszukujemy wyłącznie rzeczywistych pierwiastków równania. Jeżeli nie ma ich (zespolone zawsze istnieją) nie ma rezonansu.

Fazę ϕ oraz wektor Q_0 możemy wyznaczyć z następujących równań zakładając, że $\cos\phi \neq 0$

$$((\Omega^2 M - K)\mathrm{tg}\phi - \Omega C)Q_0 = 0 \tag{7.26}$$

oraz

$$(K - \Omega C\mathrm{tg}\phi - \Omega^2 M)Q_0 = -\frac{P_0}{\cos\phi} \tag{7.27}$$

gdy $\cos\phi = 0$ tj. $\phi = \mp(\frac{\pi}{2} + k\pi)$, $k = 0, 1, 2, 3, \ldots$ musi być

$$\det C = 0. \tag{7.28}$$

W ten sposób wyznaczamy fazę ϕ z równania

$$\det\big((K - \Omega^2 M) - \Omega C\xi\big) = 0 \tag{7.29}$$

$$\phi = \mathrm{arctg}\xi \tag{7.30}$$

oraz

$$Q_0 = -\frac{1}{\cos\phi}\big((K - \Omega C)\mathrm{tg}\phi - \Omega^2 M\big)^{-1} P_0, \tag{7.31}$$

wyznaczając rzeczywisty pierwiastek równania dla ξ tak, aby

$$\det\big((K - \Omega C)\xi - \Omega^2 M\big) \neq 0 \tag{7.32}$$

Gdyby nie było rzeczywistych pierwiastków powyższego równania układ drgający nie ma rezonansu, jest przetłumiony.

W przypadku, gdy dla każdego ξ (rzeczywistego) spełniającego równanie będziemy mieli

$$\det\big((K - \Omega C)\xi - \Omega^2 M\big) = 0 \tag{7.33}$$

oraz gdyby

$$\mathrm{Rz}\big(\big[(K - \Omega C)\xi - \Omega^2 M), -P_0\sqrt{1+\xi^2}\big]\big) = n \tag{7.34}$$

to rezonans również nie wystąpi.

Podprzypadek z warunkiem

$$\mathrm{Rz}\big[((K - \Omega C)\xi) - \Omega^2 M), -P_0\sqrt{1+\xi^2}\big] = \mathrm{Rz}\big((K - \Omega C)\xi - \Omega^2 M\big) \tag{7.35}$$

daje możliwość obliczenia Q_0 jako funkcji dowolnych parametrów, których ilość wynosi

$$\begin{aligned} L &= n - \mathrm{Rz}\big[((K - \Omega C)\xi - \Omega^2 M), -P_0\sqrt{1+\xi^2}\big] = \\ &= n - \mathrm{Rz}\big[(K - \Omega C)\xi - \Omega M\big] \end{aligned} \tag{7.36}$$

Zakres możliwych do wystąpienia drgań (dla omawianych zagadnień), możemy podzielić na następujące zakresy:

> 20000 Hz	— drgania ultradźwiękowe
20000 Hz–300 Hz	— zakres drgań, w którym istnieją materiały wygłuszające
300 Hz–16 Hz	— zakres drgań słyszalnych, w którym nie istnieją efektywne materiały izolacyjne
16 Hz–4 Hz	— drgania infradźwiękowe zbliżone do częstości fizjologicznych
< 4 Hz	— bardzo niskie częstotliwości rezonansowe.

Maksymalna ilość drgań wynosi:

$$6 + 6(N - 1) \tag{7.37}$$

gdzie N — liczba stopni swobody układu.

Pierwsze 6 drgań układu należy traktować jako drgania bryły sztywnej (3 liniowe i 3 obrotowe przemieszczenia) zamocowanej w zawieszeniu (są drganiami zawieszenia + nadwozie). Pozostałe drgania są drganiami wewnętrznymi nadwozia.

Słyszalne drgania niskich częstości (16–300 Hz) są nieprzyjemne dla użytkownika samochodu i nie mogą być wytłumione poprzez odpowiednie materiały izolacyjne. Dlatego też należy dążyć do eliminacji tych częstości. To samo dotyczy częstości poniżej 16 Hz (infradźwięków). Można to uzyskać poprzez wprowadzenie dużych dekrementów tłumienia. Drgania szkodliwe dla konstrukcji należy eliminować podobnie.

Model nadwozia samochodu Polonez

Model samochodu powinien spełniać dwa warunki:

1. winien opisywać zachowanie się konstrukcji,
2. umożliwiać otrzymanie liczbowych informacji o interesujących nas zagadnieniach statycznych [12].

Topologiczny model samochodu Polonez został zbudowany za pomocą 213 węzłów. Kadłub nadwozia został zamodelowany jako konstrukcja składająca się z elementów belkowych (wykonanych z profili cienkościennych) i powłokowych. Ogółem użyto 194 elementy belkowe i 338 elementów powłokowych. Element belkowy może podlegać takim deformacjom jak: skręcanie, zginanie w dwóch płaszczyznach, wydłużanie i ścinanie. Siły osiowe i ścinające oraz momenty — zginający i skręcający, są określone w lokalnych układach współrzędnych związanych z elementami. Element powłokowy wykorzystuje stało-naprężeniowy trójkąt (Rys. 29).

Topologiczny model samochodu Polonez dla symulacji dynamicznej dodatkowo posiada 6 elementów brzegowych, za pomocą których została odwzorowana sztywność elementów zawieszenia, i tak:

- dla zawieszenia przedniego przyjęto sztywność 200 daN/dm,
- sztywność resoru wynoszącą 200 daN/dm, podzieloną po 100 daN/dm dla dwóch punktów mocowania wsporników resora do nadwozia.

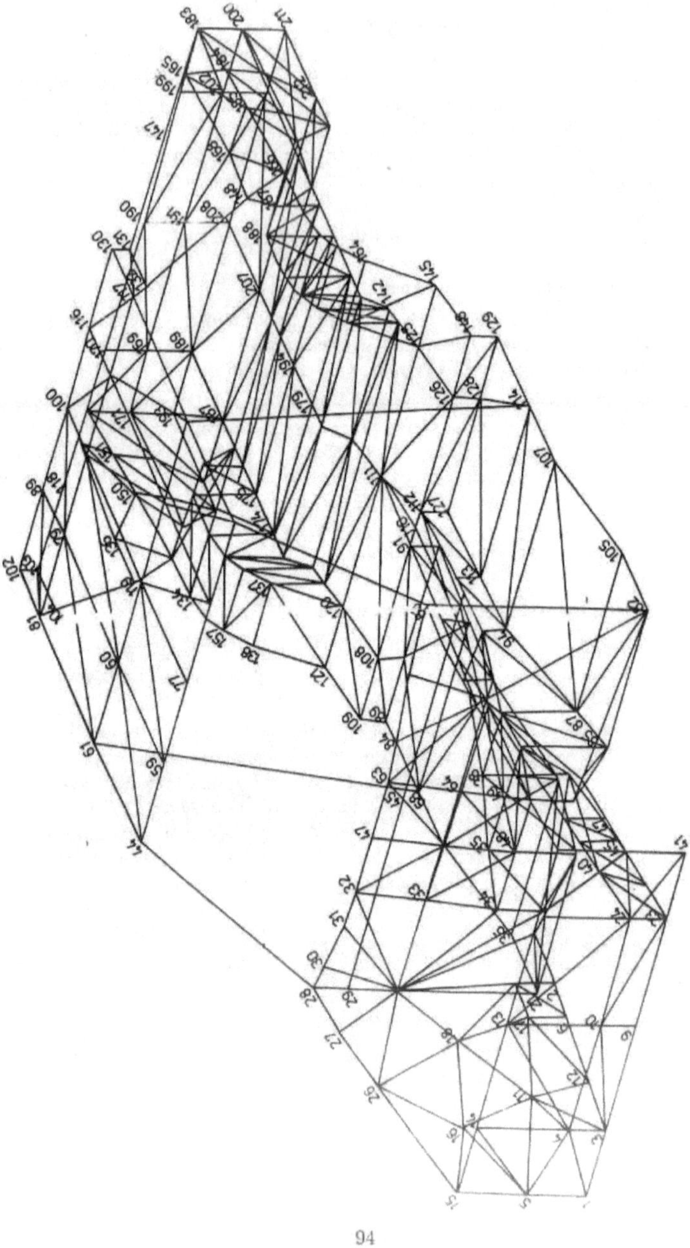

Rys. 29. Topologia nadwozia samochodu Polonez

Dodatkowo przyjęto współczynnik tłumienia układu równy 0.05. Wprowadzono wymuszenie od drogi, która została zamodelowana jako funkcja amplitudy drogi w funkcji czasu. Dla w/w symulacji przyjęto drogę brukowaną.

Zakładamy, że materiał z którego są wykonane elementy konstrukcji nadwozia samochodu Polonez, należy do ciał izotropowych — jednorodnych. Oznacza to, że właściwości są takie same we wszystkich kierunkach i są wypełnione materiałem rozłożonym w sposób ciągły (nie uwzględnia się ich struktury molekularnej). Materiały konstrukcyjne nie spełniają tych założeń, ale w praktyce okazuje się, że w większości przypadków okazują się wystarczająco dokładne.

Obliczenia dla zadanego modelu obciążenia. Obliczenia statyczne.

Nadwozie samochodu Polonez obciążamy momentem skręcającym wynoszącym 3000 Nm. Momentem takim jest obciążone nadwozie samochodu Polonez na stanowisku badawczym w OBRSO Falenica. Moment skręcający zastąpiono przyłożeniem pary sił o przeciwnych zwrotach w punktach odpowiadających kopułce amortyzatora, na dźwigarach przednich samochodu Polonez. Ruch zawieszenia konstrukcji nadwozia samochodu Polonez (traktowany jako ciało sztywne) został ograniczony przez podpory. Samochód Polonez w części tylnej zamocowany jest na dwóch resorach. Część przednia resorów jest zamocowana bezpośrednio do wspornika tak, że jest możliwy obrót resora wokół osi y (poprzecznej) samochodu, także dzięki zamocowaniu w silenbloku (dwie współosiowe tuleje zwulkanizowane w gumie), możliwe są minimalne odkształcenia wokół osi z (pionowa) i x (podłużna). Natomiast część tylna resoru jest zamocowana do wspornika poprzez łącznik, a zatem istnieje możliwość przemieszczenia końca resoru względem punktu mocowania, a jest to uzależnione od obciążenia i sztywności resoru. Ze względu na to, że nie uwzględniamy obciążenia modelu nadwozia siłami masowymi i bezwładności, a uwzględniamy jedynie przypadek czystego skręcania przyjmujemy dla:

- punktu przedniego — podporę stałą, z odjętymi wszystkimi liniowymi stopniami swobody,
- punktu tylnego — podporę ruchomą z odjętym stopniem swobody w kierunku osi z.

Obliczenia zostały wykonane systemem FAST-MES, który umożliwia statyczną i dynamiczną analizę układów mechanicznych metodą elementu skończonego. Program w/w posiada preprocesor graficzny danych oraz postprocesor do przedstawienia mapy naprężeń oraz odkształceń obliczanego modelu. Opis systemu znajduje się w [11], a przykładowe wyniki obliczeń na Rys. 30÷33.

Obliczenia dynamiczne

Obliczenia dynamiczne dla struktury nośnej samochodu Polonez wykonano przy pomocy bezpośredniego całkowania równań ruchu. Zastosowano następujący model obciążenia. Nadwozie jest oparte na 6 sprężynach modelujących elementy sprężyste zawieszenia. Równocześnie odebrano możliwość ruchu w kierunkach x i y punktów umocowania elementów

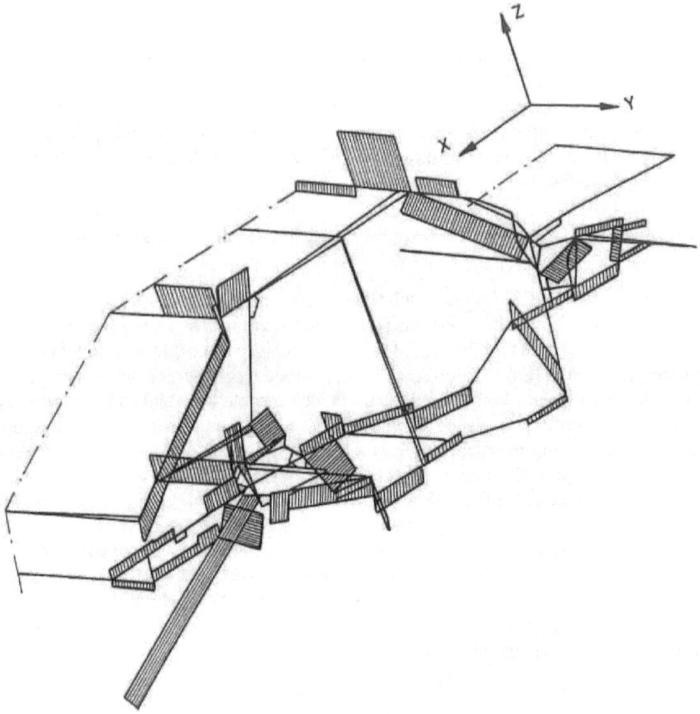

Rys. 30. Wykres sił tnących w elementach belkowych (w układzie lokalnym wzdłuż osi z)

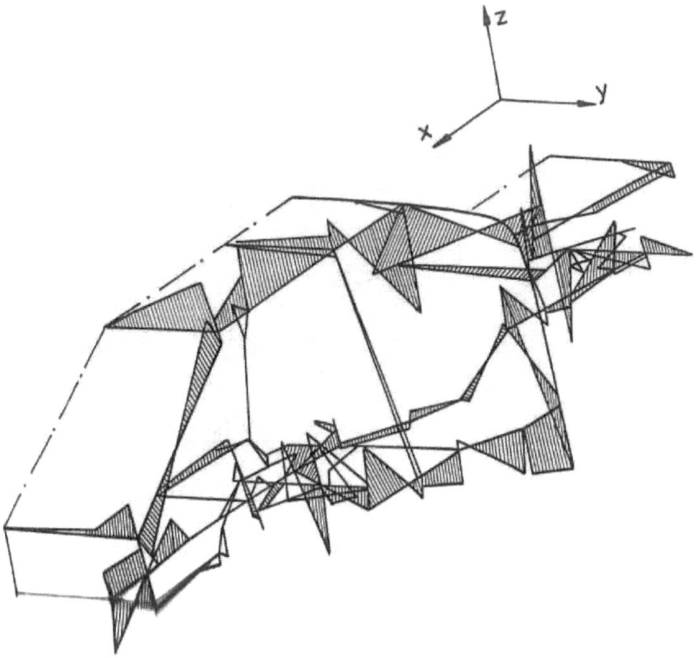

Rys. 31. Rozkład momentów gnących w elementach belkowych (w układzie lokalnym wzdłuż osi z)

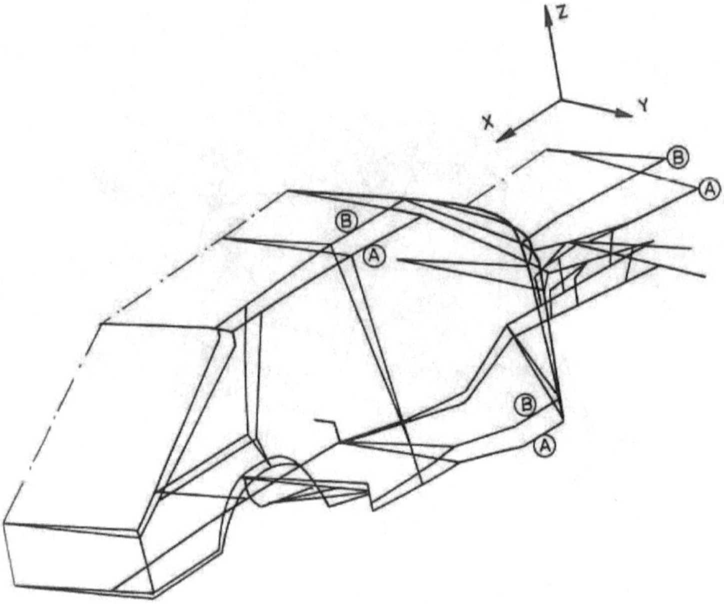

Rys. 32. Konstrukcja nieodkształcona (A) i odkształcona (B) nadwozia Poloneza

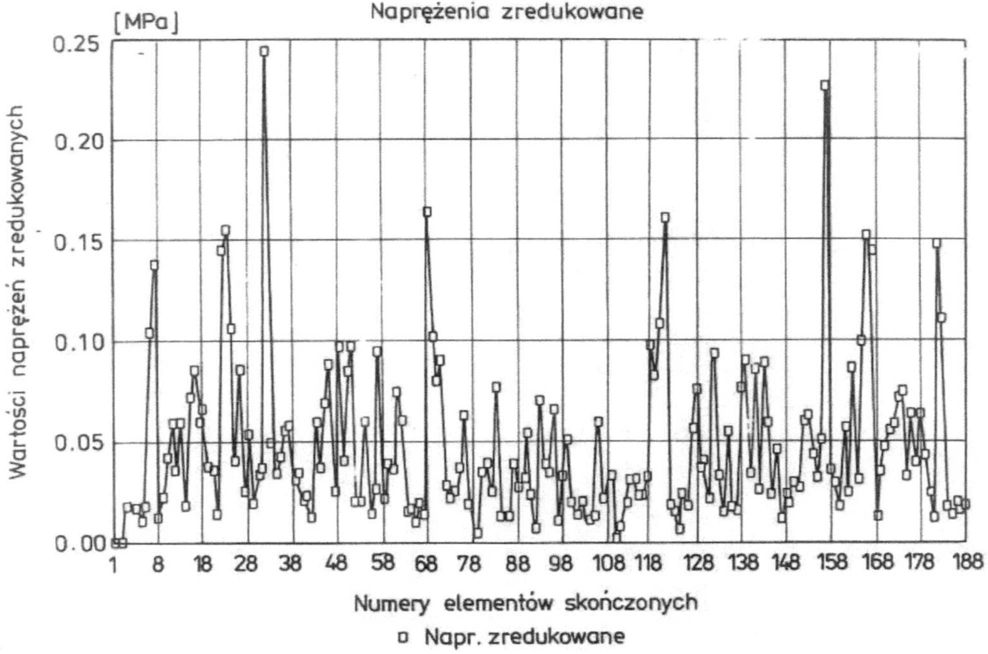

Rys. 33. Wykres naprężeń zredukowanych w elementach skończonych

sprężystych nadwozia. Przyłożoną siłę zmienną w czasie wzięto z pomiarów doświadczalnych (patrz Rys. 34,35). Tylne koła są zamocowane na sprężynach. Kadłub może się jednak odkształcić statycznie z uwagi na warunki brzegowe. Bezpośrednie całkowanie równań ruchu wykonano metodą Θ-Wilsona przy uwzględnieniu tłumienia w okresie ruchu odpowiadającym około 100 m jazdy (tj. 5 s przy prędkości 80 km/h). Współczynnik tłumienia (bezwymiarowy) przyjęto $\gamma = 0.05$.

Analiza wyników obliczeń w zakresie statycznym

Obliczenia potwierdzają przypuszczenia co do bardzo nierównomiernego obciążenia elementów struktury nadwozia samochodu Polonez, część elementów pracuje nieznacznie. W wyniku przeprowadzonych obliczeń w zakresie statycznym konstrukcji nadwozia samochodu Polonez wynika, że element belkowy służący do zamocowania foteli przednich pracuje niewiele. Największe odkształcenie zarejestrowano w górnym skrajnym położeniu pasa przodu i wynosi ono około 1.2 mm. Maksymalne naprężenia zredukowane wynoszą 240000 N/m^2, czyli nie przekraczają one naprężeń dopuszczalnych, tj. około 800000 N/m^2. Zwracamy uwagę na bardzo silne wytężenie słupków przednich otworu szyby przedniej.

Analiza wyników obliczeń w zakresie dynamicznym

Obliczenia wykazują, że wytrzymałość materiałów w przypadku zmieniających się odkształceń, różni się od wytrzymałości w zakresie statycznym, a odpowiadającej wolno rozwijającym się odkształceniom. Zmieniające się w czasie odkształcenie, może być przyczyną wystąpienia odkształceń plastycznych, którym towarzyszą nieodwracalne zmiany struktury. Zjawisko zniszczenia materiału przy periodycznie zmiennych obciążeniach po odpowiednio dużej ilości cykli nazywamy zmęczeniem materiału, a tego typu zniszczenie — zniszczeniem zmęczeniowym. Dla większości stali wytrzymałość zmęczeniowa jest równa 30–50% wytrzymałości doraźnej.

Na wytrzymałość zmęczeniową ma wpływ:

— kształt i niedokładność wykonania (np. zbyt małe promienie),

— sposób połączenia zgrzewaniem (spawaniem) zespołów nadwozia,

— środki utleniające (jakość wykonania zabezpieczenia antykorozyjnego),

— obciążenia,

— częstość drgań (szczególnie niebezpieczne są niskie częstości).

Dla modelu nadwozia samochodu Polonez wyznaczono 12 pierwszych częstości drgań

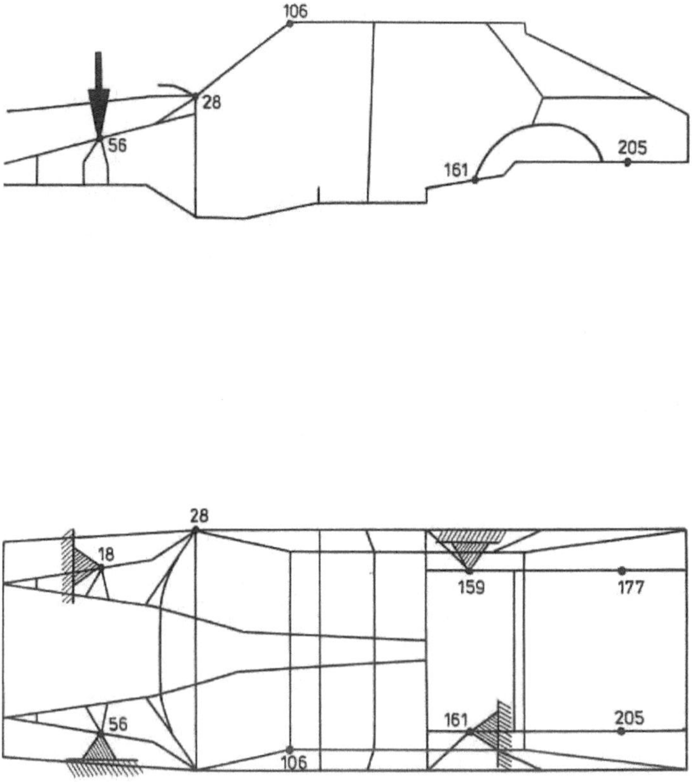

Rys. 34. Schemat utwierdzenia modelu nadwozia samochodu Polonez do badań dynamicznych

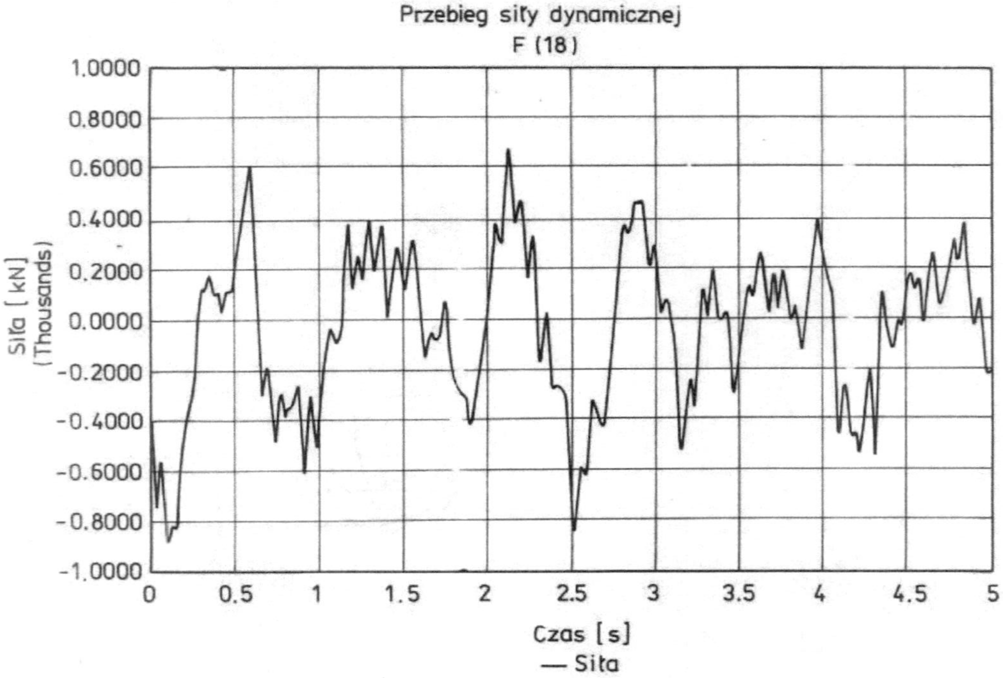

Rys. 35. Przebieg siły dynamicznej (wymuszającej) przyłożonej do węzła 18 w funkcji czasu

własnych i odpowiadające im postacie drgań własnych.

1)	2.56 Hz
2)	2.98 Hz
3)	6.78 Hz
4)	8.74 Hz
5)	16.14 Hz
6)	23.5 Hz
7)	29.47 Hz
8)	39.8 Hz
9)	43.76 Hz
10)	43.93 Hz
11)	47.17 Hz
12)	50.86 Hz

Wyniki obliczeń symulacji dynamicznej przy pomocy metody bezpośredniego całkowania równań ruchu z uwzględnieniem tłumienia przedstawiono na Rys. 36,37. Widać zgodność ruchu z przebiegiem wymuszenia. Na Rys. 36 przedstawiono ruch punktu przyłożenia siły wymuszającej węzła o numerze 18. Maksymalne wychylenie wynosi około 2.5 mm. Rys. 37 przedstawia przemieszczenia węzłów narożnikowych G-P i D-L ramy okiennej (numery węzłów 28 — górny i 106 — dolny), zaś Rys. 38 pokazuje zmiany długości przekątnej G-P/D-L (odkształcenie otworu szyby przedniej). Maksymalne odkształcenie wynosi 20 mm.

Wnioski

Przeprowadzona symulacja nadwozia samochodu Polonez pozwala na wysnucie praktycznych wniosków. Można zauważyć, że niektóre elementy przedniej części nadwozia są słabo obciążone i można sugerować zmniejszenie przekroju lub grubości blachy. Podobne fakultatywne zmiany (np. wprowadzenie tworzyw sztucznych) dotyczyłyby dachu i wnęki koła zapasowego. Celowość takich zmian musiałaby zostać sprawdzona na drodze kolejnej symulacji statycznej i dynamicznej nowego modelu.

Zauważmy jeszcze, że częstotliwość 4 wynosząca 8.74 Hz jest wyjątkowo niepożądana. Należałoby dążyć do wyeliminowania jej poprzez przekonstruowanie pewnych elementów nadwozia. Proponujemy zatem w oparciu o doświadczenia z niniejszej pracy zbudowanie zoptymalizowanego prototypu Poloneza, a następnie jego przebadanie. Oczywiście w propozycji zostaną uwzględnione wszystkie uwarunkowania wdrożenia takiej konstrukcji w FSO, między innymi z uwagi na istniejące linie montażowo-spawalnicze ([13,14]).

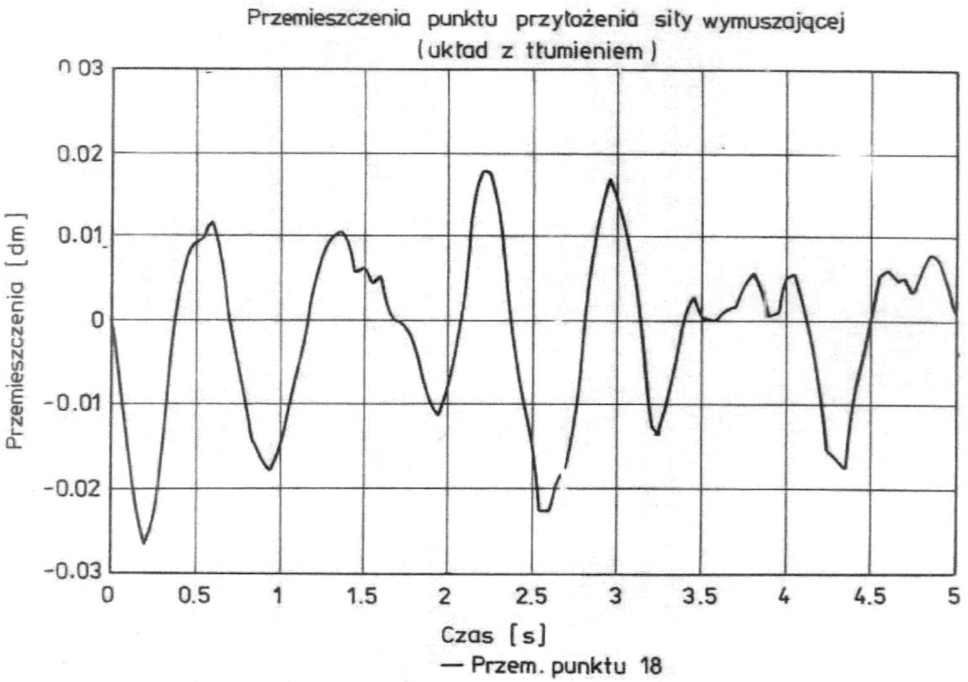

Rys. 36. Przemieszczenie punktu przyłożenia siły dynamicznej (wymuszającej) w funkcji czasu

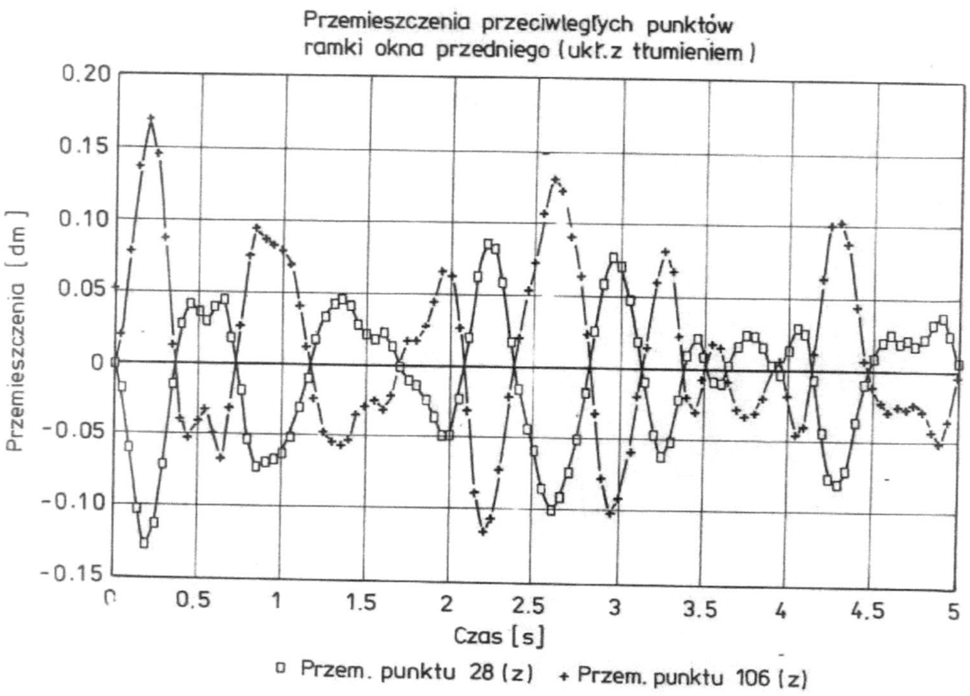

Rys. 37. Przemieszczenie węzłów narożnikowych G i D w funkcji czasu

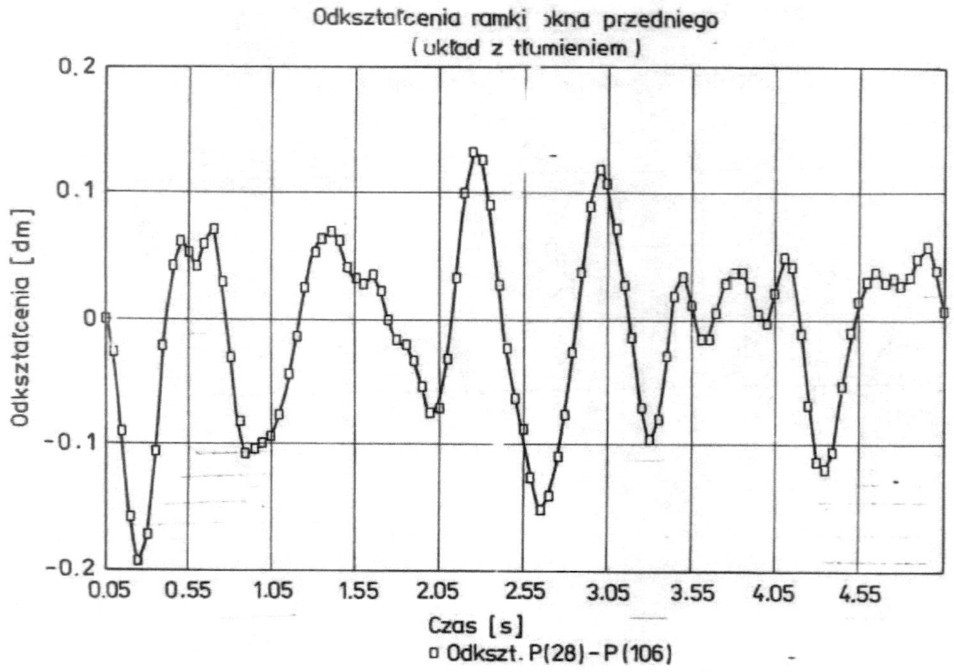

Rys. 38. Zmiany długości przekątnej G-P/D-L w funkcji czasu

8. Wnioski

W pracy przedstawiono próbę aktywnego podejścia do projektowania nadwozi samochodowych wraz z pewną teorią nadwozia samochodu. Teoria ta jest oparta o analizę PPK nadwozia i teorię sił krawędziowych. Przedstawiono pakiet programów do obliczania sił krawędziowych, które mogą być wykorzystane przy projektowaniu zerowej (poprawnej) konstrukcji nadwozia jako konstrukcji cienkościennej. Podano również opis pre- i postprocesora dla PPK i MES w zastosowaniu do projektowania i analizy nadwozia samochodowego. Przeprowadzono analizę MES dla nadwozia samochodu Polonez.

Praca ta jest wstępem do zautomatyzowania procesu projektowania nadwozia samochodu. Pakiety programów dla obliczeń metodą PPK są wykorzystywane w celach dydaktycznych na Wydziale Samochodów i Maszyn Roboczych Politechniki Warszawskiej.

Podziękowania

Składam serdeczne podziękowania Panu Dr. inż. J. Pawłowskiemu oraz Panom mgr. inż. J. Gierejowi, mgr. inż. A. Ambrożakowi, mgr. inż. K. Frączkowi, mgr. inż. J. Pokorskiemu i dr. inż. M. Pietrzakowskiemu za cenne dyskusje.

Równocześnie dziękuję FSO–Żerań za pomoc finansową w wykonaniu tej pracy.

Literatura

1. Pawłowski J. — "Nadwozia samochodowe", WKŁ, Warszawa 1974
2. Pawłowski J. — "Vehicle structure design using SSS-Method", wyd. CIT — Aut. St. Grp., Cranfield, Wielka Brytania 1987
3. Kalinowski M.W. — "Możliwość matematycznego ujęcia poprawności strukturalnej nadwozia samochodowego", AUTO-Technika Motoryzacyjna 6/89 (Dodatek Naukowo-Techniczny) str.IV
4. "Układ modułów projektowania wspomaganego komputerowo nadwozi i oprzyrządowania produkcyjnego", Politechnika Warszawska, Instytut Pojazdów — Zespół Nadwozi, Warszawa 1988 (pod red. J. Pawłowskiego)
5. Kalinowski M.W. — "Algorytmy rozwiązywania równań sił krawędziowych dla nadwozia samochodowego" część I), AUTO-Technika Motoryzacyjna 9/90 (Dodatek Naukowo-Techniczny) str.V
6. Kalinowski M.W. — "Algorytmy rozwiązywania równań sił krawędziowych dla nadwozia samochodowego" część II), AUTO-Technika Motoryzacyjna 12/90 (Dodatek Naukowo-Techniczny) str.V
7. General Purpose Finite Element Model Generator for the IBM PC and Compatibile Micro-Computers, USER MANUAL for mTAB*PRE Release 1, STRUCTURAL ANALYSIS, INC., November 1987
8. Kalinowski M.W., Pokorski J. — "Obliczenia metodą PPK — wstępne wyniki i perspektywy", Technika Motoryzacyjna 12/91 (Dodatek Naukowo-Techniczny IV/91) str.VII
9. J. Klaus-Jürgen Bathe, Edward L. Wilson — "Numerical Methods in Finite Element Analysis", Prentice-Hall, Inc., New Jersey 1976
10. Ziętkiewicz O.C. — "Metoda Elementów Skończonych", Arkady, Warszawa 1972
11. Przybyło W. — "System FAST-MES do statycznej i dynamicznej analizy układów mechanicznych metodą elementów skończonych" Cz. I — opis systemu FAST-MES, Kraków 1988 (na prawach rękopisu)
12. Dokumentacja Techniczna samochodu FSO Polonez — kompletacja montażowa kadłuba, Dział Głównego Technologa FSO-Warszawa
13. Kalinowski M.W., Ambrożak A. — "Analiza nadwozia Poloneza w ujęciu MES — wstępne wyniki i perspektywy", AUTO-Technika Motoryzacyjna, Dodatek Naukowo-Techniczny 12/90, str. X (1990)
14. Kalinowski M.W., Pietrzakowski M., Pokorski J. — "Pre- i postprocesor dla PPK i MES w zastosowaniu do projektowania i analizy nadwozia samochodowego ", AUTO-Technika Motoryzacyjna, Dodatek Naukowo-Techniczny

Druck:
CPI Druckdienstleistungen GmbH
im Auftrag der
Kolibri 360 GmbH
Ferdinand-Jühlke-Str. 7
99095 Erfurt

FSC
www.fsc.org
MIX
Papier | Fördert gute Waldnutzung
FSC® C083411

Kolibri 360 GmbH
Ferdinand-Jühlke-Straße 7
99095 Erfurt, Deutschland
produktsicherheit@kolibri360.de